博士论文
出版项目

考虑空间资源约束的工程项目调度问题研究

Research of Construction Project Scheduling Optimization Problem Considering Spatial Resource Constraints

陶 莎 著

中国社会科学出版社

图书在版编目（CIP）数据

考虑空间资源约束的工程项目调度问题研究 / 陶莎著. -- 北京：中国社会科学出版社，2024. 10. -- ISBN 978-7-5227-3755-3

Ⅰ. T

中国国家版本馆 CIP 数据核字第 2024MR7916 号

出 版 人　赵剑英
责任编辑　黄　晗
责任校对　闫　萃
责任印制　张雪娇

出　　版　中国社会科学出版社
社　　址　北京鼓楼西大街甲 158 号
邮　　编　100720
网　　址　http://www.csspw.cn
发 行 部　010-84083685
门 市 部　010-84029450
经　　销　新华书店及其他书店

印　　刷　北京君升印刷有限公司
装　　订　廊坊市广阳区广增装订厂
版　　次　2024 年 10 月第 1 版
印　　次　2024 年 10 月第 1 次印刷

开　　本　710×1000　1/16
印　　张　14.5
插　　页　2
字　　数　201 千字
定　　价　88.00 元

凡购买中国社会科学出版社图书，如有质量问题请与本社营销中心联系调换
电话：010-84083683
版权所有　侵权必究

出版说明

为进一步加大对哲学社会科学领域青年人才扶持力度，促进优秀青年学者更快更好成长，国家社科基金 2019 年起设立博士论文出版项目，重点资助学术基础扎实、具有创新意识和发展潜力的青年学者。每年评选一次。2021 年经组织申报、专家评审、社会公示，评选出第四批博士论文项目。按照“统一标识、统一封面、统一版式、统一标准”的总体要求，现予出版，以飨读者。

全国哲学社会科学工作办公室

2022 年

摘　　要

工程是以造物为核心的实践活动，工程建设成果的核心标志是构筑一个新的、具有一定物理结构的存在物。工程活动的执行不仅仅需要人力、设备、原材料等资源，空间资源也是一类重要的工程资源。施工过程中，工程活动所需的空间资源也是指工程活动执行过程中对施工现场二维或三维空间的占用。空间是运动着的物质的存在形式和固有属性。在工程建设期间，工程构件和材料等本身需要占据一定的空间，设备运作和人力操作过程同样需要一定的作业空间。因此，建设工程项目活动执行除了对材料、人、设备等资源的利用和消耗，空间资源也是必不可少的重要资源之一。由于工程现场往往固定且空间有限，空间资源约束也成为许多工程管理问题需要考虑的约束条件。工程管理者往往为了加快施工进度、缩短交付期，安排工程活动同时执行，而忽视施工现场的空间约束条件，这容易导致活动之间的作业空间相互干涉。空间干涉是指在活动执行过程中，活动所需的空间被另一活动的资源占用，从而对自身活动执行产生一定的干扰和影响。空间干涉通常会影响工程的进度、质量以及安全，导致设备、人力等资源运行时发生拥挤甚至冲突。相关研究表明，空间干涉是施工现场经常出现的严重问题，会导致作业效率降低，作业中断，活动完成质量低下，参建主体间发生冲突，甚至引发安全事故。事实上，每个工程活动执行时的作业空间是否充足，是评估工程进度计划方案质量的重要因素之一。因此，空间资源已经被工程管理领域越来越多的实践者和学者予以高度重视。工程管理者在制定工程进度计划时应当将空间资源约束条件纳入考虑范畴，从而防止或减少活动之间空间干涉的发生，这对工程的施工管理实践具有重要意义。

本书首先基于目前工程空间需求、空间干涉等相关文献，对文献中的相关零散知识进行梳理和总结，包括介绍工程中的空间资源需求类型、空间资源属性，提出空间资源的数学化表达方法，对工程中的空间干涉进行系统的分类，进而对空间干涉的程度进行度量。其次，根据空间约束类型、活动执行模式等方面的不同特征，依次研究了考虑多重空间资源约束的工程调度问题、空间干涉影响下工期可变的工程调度问题、考虑空间干涉可接受性的工程调度问题、考虑施工位置—空间双重属性的工程调度问题、考虑空间干涉的工程反应式调度问题五类问题。最后，搭建一个基于 BIM 技术的空间干涉识别与应急管理系统框架。

从理论角度上，本书不仅丰富了工程调度和工程空间资源的相关研究，同时也是对传统项目调度问题研究的扩展。从实践角度上，本书的研究对现实工程管理具有一定的实践指导作用，可以为工程管理者提供科学合理的决策支持，有助于提高工程管理者的管理水平，提升工程建设施工企业的行业竞争力。

关键词： 工程；空间资源约束；空间干涉；工程调度

Abstract

Construction is a practical activity centered on the creation, and the key symbol of construction results is the construction of a new existence with a certain physical structure. The execution of construction activities not only requires resources such as labor, equipment, and raw materials, but space resources are also a kind of important construction resources. In the process of construction, the space resources required by construction activities refer to the occupation of two-dimensional or three-dimensional space of the construction site during the execution of construction activities. Space is the existence form and inherent property of the moving matter. During the construction period, construction components and materials need to occupy a certain amount of space, and equipment running and human operation process also need a certain amount of operating space. Therefore, in addition to the use and consumption of materials, people, equipment and other resources, space resources are one of the essential and important resources for the execution of construction project activities. Since construction sites are often fixed and have limited space, space resource constraints have also become a constraint that needs to be considered for many construction management problems. Project managers often arrange parallel execution of construction activities in order to speed up the construction schedule and reduce the delivery period, but ignore the space constraints at the construction sites, which can easily cause interference in the operating space between activities. Space interference refers to that the space required for an activity is occupied by the resources of another activity during the execution of the activity, thus producing certain interference and influence on the execution of its own activity. Space interference usually affects the schedule, quality, and safety of the project, and leads to congestion and even conflict in the operation of equipment, labor, and other resources. Relevant studies show that space interference is a serious problem that often occurs at construction sites, leading to lower operational efficiency, interruption of operations, low quality of completed activities, conflicts between participants, and even safety accidents. In fact, the sufficiency of operational space for each construction activity execution is one of the important factors to assess the quality of construction schedule plan solutions. Therefore, space resources have been highly valued by more and more practitioners and scholars in the field of construction management. Project managers should take space resource constraints into consideration when formulating project schedule plans to prevent or mitigate the occurrence of space interference between activities, which is of great significance to the construction management practice of construction.

Based on the current literature on construction spatial demand and space interference, this paper firstly composes and summarizes the relevant fragmented knowledge in the literature, including introducing the types of space resource demand and space resource properties in construction, proposing the mathematical expression method of space resources, systematically classifying the space interference in construction, then measuring the degree of space interference. Then, according to the different characteristics of spatial constraint types and activity execution modes, construction scheduling problems with multiple space resource constraints, construction scheduling problems with variable activity duration under space interference, construction scheduling problems with acceptability of space interference, construction scheduling problems with location-spatial dual attributes, and construction reactive scheduling problems with space interference are studied. Further, the modern management technology of construction is applied to build a framework of space interference identification and emergency management system based on BIM technology.

From the theoretical point of view, this study not only enriches the related research on construction scheduling and construction space resources, but also extends the research on traditional project scheduling problems. Meanwhile, the research has certain practical guidance for real engineering management, which can provide scientific and reasonable decision support for project managers, which helps to improve the management level of project managers and enhance the industry competitiveness of construction enterprises.

Key words: Construction; Spatial Resource Constraints; Space Interference; Construction Scheduling

目　　录

Content

第一章
绪　论

第一节　研究背景与研究意义

在现代人的日常生活与商业社会中，项目的身影几乎无处不在。

项目是解决市场供需矛盾的手段之一。政府通过不断启动、完成项目来扩大需求，企业通过不断启动、完成项目来改善供给，从而切实解决社会供需矛盾。

项目帮助企业将知识转化为效益。知识所孵化的科研成果需要经过项目的启动、策划、实施与经营才能转化为实际的经济与社会效益。

项目承载着企业的发展战略。企业的使命、目标与发展愿景都需要通过一个个成功的项目来具体展现，从而强化企业的凝聚力与创造力。

项目还是项目参与者社会价值的体现。项目技术人员与管理人员的价值是通过一个个项目的完成累积起来的，也通过所参与的每一个项目来体现。

美国项目管理协会（PMI）的《项目管理就业增长与人才缺口报告（2017—2027）》预测，到2027年，大约有8800万的人员从事项目管理相关工作，项目相关的经济产值将达到20万亿美元。

到底何为“项目”？各种项目管理知识体系中都对项目做出了不同的定义，见表1-1。美国项目管理协会（PMI）在最新的第7版PMBOK中，对项目（Project）有以下定义：“为创造独特的产品、服务或结果而进行的临时性工作。”

表1-1　项目的定义

知识体系	定义
PMBOK	为创造独特的产品、服务或结果而进行的临时性工作。项目的临时性表明项目工作或项目工作的某一阶段会有开始也会有结束。项目可以独立运作，也可以是计划或项目组合的一部分
PM^2 指南	项目是一种临时组织结构，目的是在时间、成本和质量等特定约束条件下创造独特的产品或服务（产出）。项目是在某些外部（或自我施加）约束下定义、规划和执行的。这些可能与计划、预算、质量有关，但也与项目的组织环境（例如风险态度、能力、可用能力等）有关
APMBOK	为带来变革和实现计划目标而进行的独特、短暂的努力
ISO 21500	实现一个或多个既定目标的临时性努力
ICB 4.0	项目被定义为一种独特的、临时的、多学科的、有组织的努力，以在预定义的要求和约束条件下实现商定的可交付成果。项目目标的实现要求这些可交付成果符合具体要求，包括时间、成本、资源和质量标准或要求等多重约束
PRINCE 2	项目是按照一个被批准的商业论证，为了交付一个或多个商业产品而创建的一个临时性组织

对项目的定义进行分析，我们可以概括出以下几个基本特征。

第一，目的性。开展项目是为了通过可交付成果达成目标，这是项目开展的原动力。目标指的是期望当前及未来工作所指向的结果，要达到的战略地位，要达到的目的，要取得的成果，要生产的产品，或者准备提供的服务。可交付成果指的是在某一过程、阶段或项目完成时，必须产出的一切独特并可核实的产品、成果或服务。

可交付成果可能是有形的，也可能是无形的。所有项目管理知识体系都认可项目是旨在完成特定的产品、服务或结果的，项目具有明确的、既定的目标。项目的目标可以是一个，也可以是多个。

第二，临时性。项目的“临时性”具体可以解释为一个项目一定有明确的开始时间和结束时间。当项目的目标已经实现，或因项目目标不能实现而被终止时，都意味着项目的结束。常见的项目结束情形包括：达成项目目标、不会或不能达到目标、项目资金缺乏或没有可分配资金、项目需求不复存在（例如，客户不再要求完成项目，战略或优先级的变更致使项目终止，组织管理层下达终止项目的指示）、无法获得所需人力或物力资源、出于法律或其他原因而终止项目，等等。同时，既然项目是为一定的目标开展又有一定的起讫时间，那么项目也可以被描述为具有“一次性”的特征。

第三，独特性。项目的独特性在于强调项目创造了独特的可交付的成果，无论是可见的独特产品、成果还是不可见的独特服务。与已有的相似产品或服务相比，项目所提供的产品或服务一定在某些方面有明显的差别。项目所要完成的工作一定是以前未完成过的。某些项目的可交付成果和活动中可能存在重复的元素，但这种重复并不会改变项目工作本质上的独特性。例如，对于工程项目而言，即便采用相同或相似的材料，由相同或不同的团队来建设，每个工程项目仍具备其独特性，如它们在位置、设计、交付存在物等方面存在显著不同。

第四，受限性。项目是在一定的约束条件下开展的，这也是现代项目管理的共识之一。在项目的进行过程中，项目总是受到质量、时间进度、成本费用、人力资源、技术水平、物资资源、信息传递、自然环境、社会影响、行业条款、政策法规等条件的制约，项目总是在各类限制和约束之下进行的。

项目按照最终成果的不同可以分为建设工程项目、研发项目、咨询项目、软件项目、维修项目等。本书研究的对象是建设工程项目，以下简称“工程项目”。工程项目是最为常见的项目类型之一。

工程是为了实现某特定功能或目的，依据一定的科学技术和自然规律，通过有序地整合资源，以造物为核心的活动（盛昭瀚等，2009；李真等，2015）。工程项目交付成果的核心标志是构筑一个新的、具有一定物理结构的存在物。从古至今，人类就一直进行着不同规模的工程建设。大到举世瞩目的重大工程，例如，中国古代的长城、都江堰工程；近代的三峡工程；现代的港珠澳大桥工程。小到与我们生活息息相关的房屋修建，公路、铁路建设，等等。工程建设行业已经成为中国国民经济的重要产业之一。中国的建设行业增加值连续多年占国内生产总值的比例超过6%，是重要的物质财富生产部门，吸纳就业人口接近4000万人（曹玉书，2013）。

工程项目具有一般项目的特征，即工程活动具有明确的预交付成果、任务目标，要求相关人员按照既定的规范需求与资源限制有序安排相关作业施工，严格监督与保障工程质量、安全，切实保证项目目标，即新的人造物的顺利完成。同时，工程项目由于其自身交付成果的特殊性，相较一般项目而言，还具有投资与建设规模大、涉及的参与者和相关利益群体多、不确定因素多且复杂、建设周期与使用周期都很长等特点。随着中国国民经济的快速发展和科技进步，中国各类工程建设的数量和规模都在不断壮大，工程项目也越来越趋于复杂。Nguyen 等（2015）基于对交通工程项目的调查研究，通过因子分析总结确定了工程项目复杂性的 6 个维度，即组织复杂性、技术复杂性、社会政治复杂性、环境复杂性、基础设施复杂性以及范围复杂性。这些内部与外部交织的复杂性对于工程项目的成功提出了更高的要求。

随着工程项目规模不断扩大以及复杂性不断增加，与工程活动相伴而生的管理活动也面临着巨大的挑战。对“工程项目管理”一词的直观理解，即为“对工程项目进行管理”。这明确了项目管理的本质是管理活动，也明确了管理的对象是工程项目。工程项目管理是在有限的可利用资源的基础上，运用科学系统的技术、方法和理论对工程项目进行高效率的计划、组织、领导和控制的手段，并在进度、成本和质量等效果上达到工程的预定目标（孙绍荣和沈妙妙，2014）。工程项目管理贯穿于项目的全生命周期，管理人员将参与工程的立项与启动、制定计划与调度、执行项目、监控实施、工程验收几大阶段，并从范围、时间、成本、质量、风险、合同、采购、人力资源等多个方面对工程项目进行细致的全方位管理。

20世纪60年代以来，一般项目管理的相关理论和方法被逐渐移植于工程建设领域。业主方的工程项目管理首先得到应用与发展，而后关于承包商、分包商、供货方与设计方的管理理论与方法也逐步得到推广与实践。日益激烈的市场竞争迫使更多行业和企业采用项目式运作，然而超支、超期是多年来工程建设行业面临的普遍难题。"按时保质"几乎是所有项目管理者对项目的期许，然而项目日益显著的复杂性特征正在降低项目管理的成效，大量项目难以在不超出项目预算的情况下按时完工。研究表明，许多项目失败的根源在于缺乏有效的计划与调度（Herroelen和Leus，2005）。

在项目管理实践中，计划和调度是项目管理者首要思考并率先落地的事情，对于其他项目管理职能的实现具有引领作用，是保障项目实施与顺利完成的重点。项目调度一般在工作分解（WBS）与资源需求确定后开展，项目调度的目标则是为项目中的每个活动确定开始时间，从而形成"基线进度计划"（Baseline Schedule）。该计划在满足项目活动优先级关系约束、资源约束以及其他既定需求的基础上，优化项目调度的目标（如最小化工期、最小化总成本、最大化项目质量、均衡资源利用率等）。项目调度不仅包括对各项目活动的时间安排，还常常伴随着不同类型项目资源的安排与配置问题，从而协调保障项目的进度、质量、费用等单个或多个目标的达成。项目调度不仅可以对项目时间这一单维度目标进行把控，而且可以对项目成本、资源、质量等多维度进行控制和优化。

施工是对工程进度、成本及质量控制产生主导作用的环节，也是所有工作中最为具体细致和最为复杂的环节。工程项目调度是指在工程施工过程中，根据工程的进度总目标与资源优化配置原则，对工程项目各施工阶段的工作内容、工作程序、持续时间和衔接关系编制计划并付诸实施。

工程项目施工所需的资源众多，工程施工的过程也是对有限的资源进行整合和利用的过程。除了一般性的人力、机械、材料、能源等资源，空间资源也是工程施工过程中的重要资源之一。在施工现场，工程活动的开展通常需要一定的空间，这些空间是指工程构件及相关作业资源运行时所占用的空间。为了加快工程施工进度或缩短交付期，工程管理者常常安排多个活动同时执行，从而导致空间需求增加。然而许多工程现场固定且空间有限，并行活动的空间需求可能重叠，从而产生空间干涉（如冲突、拥挤等），导致作业效率降低、任务完成质量低下、返工、安全事故等不良后果，进而不利于工程的工期、成本、质量和员工的生命安全等多方面目标实现（陶莎和盛昭瀚，2018）。2011 年香港劳工部职业安全卫生部门的一项调查指出，全年工业事故总数统计为 13658 起，其中，建筑业发生的有 3112 起，占比约 22.8%，死亡人数占比更是高达 79%（Huang 和 Wong，2015）。因此，客观上空间资源有限性与管理者对工程进度的追求产生矛盾。有学者将工程活动空间是否充足作为评估工程进度计划方案质量的重要指标之一（Bragadin 和 Kahkonen，2015），工程的空间信息也是制定工程施工计划需要考虑的重要参数（Kim 和 Cho，2015）。如何根据空间信息制定满意的施工进度计划，并协调计划中活动的“时间”和“空间”冲突，这对工程管理实践具有重要的现实意义。

例如，北京大兴国际机场是中国迄今为止一次性建成的规模最大的空地一体化交通枢纽。该工程于 2014 年 12 月开工，在前三年里顺利实现了工程建设的里程碑节点，然而 2018 年 4 月工程发生了重大进度变更，要求于 2019 年 6 月 30 日竣工。这一新的进度目标给当时的工程管理造成了巨大的挑战（乐云等，2022）。特别是工程中相互之间有紧密关联性、界面与接口交错衔接的工程交叉作业以及建设收尾和移交验收并行作业开始大量涌现。以航站楼附近交叉施工为例，它与十多项不同的子系统工程建设存在大量的作业空间冲突，如飞行区服务车道道面施工与航站楼周边施工材料运输平台及临时设施拆除的作业冲突、飞行区近机位道面施工与登机桥附近临时设施拆除的作业冲突、飞行区站坪施工与登机桥活动端安装的作业冲突、飞行区服务车道道面施工与航油监控施工的作业冲突等。这些冲突问题涉及飞行区、航站楼设备、工作区场站以及停车楼和综合服务楼等多个空间区域，合理安排这些区域的作业空间资源对于新的进度目标完成具有重大影响。再如，2022 年 12 月，中建三局牵头研发的高层建筑自升降智能建造平台关键技术与装备项目获批，该研究依托的是以“空中造楼机”为核心的智能建造新模式，让露天工地变为室内“工厂”以实现空中建造。该建造模式中，造楼机平台空间有限，其在施工过程中会随着结构同步爬升，更凸显出施工作业空间资源的稀缺性；对于材料、人员、设备等施工要素在有限空间中的布局与规划的合理有效性要求更高，从而实现对施工过程中各要素在时间维度与空间维度上的合理调度与整体优化。

然而，目前工程实践中的管理者大多采用经验性方法，对工程进度计划做局部的或应急的调整以解决工程活动的空间资源约束。在理论研究方面，鲜有学者预先考虑空间资源约束，对工程项目调度问题做全局性、整体性的优化。为此，本书融合资源受限项目调度优化理论，以及工程空间资源相关理论，围绕空间资源约束的工程项目调度优化这一核心问题进行深入研究。在考虑工程进度、成本等常规目标的同时，也考虑活动空间资源约束的影响，合理地制订避免或减少空间干涉的工程项目调度计划。本书的研究成果不仅能够在理论上丰富工程项目的调度问题的相关理论研究，而且对现实工程管理具有一定的实践指导意义。

第一，理论意义。空间资源作为一类重要的工程资源，已经被越来越多的工程实践者予以高度重视，并且被视为工程项目调度研究中的重要因素。管理者在制定工程项目调度方案时需要考虑活动的空间资源需求，保证活动具有充足的空间。然而，目前的相关研究大多从实践的角度，聚焦于借助计算机仿真/可视化技术模拟调度方案的执行过程，缺乏从整体性规划的视角，对考虑空间资源约束的工程项目调度优化问题的模型构建以及解决方案进行整体性设计。本书在已有相关研究的基础上，结合实践中工程空间资源的特点，将“空间资源”这一特殊资源引入工程项目调度问题的研究中，梳理和凝练工程中的空间资源需求、数学化表示，以及空间干涉的定义、分类和度量等知识，进一步将空间资源约束和传统的资源受限项目调度理论相结合，建立不同场景下考虑空间资源约束的工程项目调度问题，合理构建模型继而设计智能优化算法求解。本书不仅从理论上丰富了工程项目管理的相关研究，同时也是对传统资源受限项目调度问题研究的扩展和丰富。

第二，现实意义。在实践方面，本书面向工程管理的现实需求，实现工程项目的空间资源管理和进度管理的集成。本书针对各类型空间约束以及不同应用场景，建立相应的工程项目调度优化模型并设计智能优化算法求解调度方案。本书提出的模型和优化算法有助于保证工期、成本等目标，降低施工作业的空间干涉风险，同时提高施工作业效率和质量。本书可以作为底层算法嵌入工程项目管理平台或智能管理系统，为工程管理者提供科学的决策支持，有助于提升施工企业的管理水平和行业竞争力。

第二节　研究内容安排

本书研究紧密围绕“考虑空间资源约束的工程项目调度优化”的核心科学问题，遵从“扎根实践需求—理论指导—方法、技术创新—实践应用”的核心技术路线进行研究，并形成“1＋5＋1”各有侧重、紧密关联的研究布局。具体而言，本书首先对目前工程的空间需求、空间干涉等相关文献中的零散知识进行梳理和总结，详细介绍工程项目中的空间资源需求类型、空间资源属性，提出空间资源的数学化表达方法，对工程中的空间干涉进行系统分类，进而对空间干涉的程度进行度量。接着，遵循“分析现实问题—抽象数学模型—设计智能算法—分析工程案例”的研究路线，综合运用运筹学、工程管理和智能优化算法等理论和方法，依次研究了考虑多重空间资源约束的工程项目调度问题、空间干涉影响下工期可变的工程项目调度问题、考虑空间干涉可接受性的工程项目调度问题、考虑施工位置—空间双重属性的工程项目调度问题、考虑空间干涉的工程反应式调度问题五类问题。最后，紧跟国家智能建造与新型建筑工业化协同发展的步伐，以及数字技术赋能“中国建造”的趋势，本书提出了基于BIM技术的空间干涉识别与应急管理系统框架。本书研究成果不仅能够在理论上丰富工程项目的调度问题的相关理论研究，同时对现实工程管理具有重要的实践指导意义。

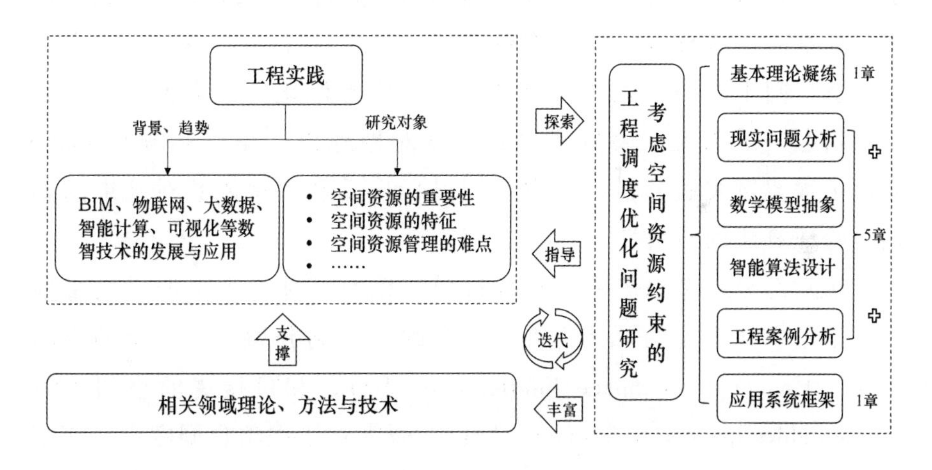

图1-1　研究思路

具体而言，本书包含以下十个部分，研究思路如图1-1所示，各部分的主要研究内容如下。

第一部分：绪论。阐述本书的选题背景、研究意义，对本书研究内容的整体排布进行介绍。

第二部分：国内外研究现状。对相关研究进行梳理和总结，分析本书的创新之处。

第三部分：基于对工程空间需求、空间干涉等相关研究的梳理，对工程中的空间资源和空间干涉进行系统分类，开展工程空间资源概述。配合一个工程案例，具体介绍工程中的空间资源需求类型、空间资源属性、空间资源的数学化表达方法、空间干涉类型以及空间干涉的度量等。

第四部分：只考虑单一的活动执行模式，假设其他类型资源供给量不受限制，考虑具体的四维空间干涉，分别是安全威胁、物理冲突、破坏冲突和拥堵，建立带有多重空间资源约束的工程项目调度模型。设计禁忌模拟退火算法求解该问题，分别通过一个工程案例以及随机生成的算例验证算法的有效性。

第五部分：考虑多种活动执行模式，假设其他类型资源供给量不受限制，考虑空间干涉会降低活动作业效率，导致工期延长。量化计算空间干涉程度，提出作业效率关于空间干涉的函数，建立考虑动态空间干涉的工程项目调度工期—成本优化的一般模型。为解决该问题，采用人工藻群算法并有针对性地设计编码和解码机制。通过工程案例实验分析，探索不同目标权重和效率函数对结果的影响并验证算法的有效性。

第六部分：考虑多种活动执行模式以及其他类型资源供给量限制，根据空间干涉的可接受性，将空间干涉划分为不可接受的空间干涉（Unacceptable Space Interference，USI）和可接受的空间干涉（Acceptable Space Interference，ASI）。研究在工程项目调度中如何避免 USI 的发生以及控制 ASI 的程度，以达到时间、成本、资源均衡最小化的目标。建立多目标数学模型，进而设计枚举—NSGA-Ⅱ两阶段智能优化算法求解。通过工程案例研究验证模型和方法的有效性。

第七部分：考虑多种活动执行模式以及其他类型资源供给量限制，针对施工现场的分布式特征，考虑资源在施工点之间的转移时间和转移成本，研究考虑施工位置和空间双重属性的工程项目调度问题，同时以完工时间、成本和空间干涉程度为目标，建立多目标数学模型。设计改进的 NSGA-Ⅱ算法解决该问题。通过一个工程案例验证方法的有效性。

第八部分：考虑突发的空间干涉导致项目整体进度延误而进行的反应式调度问题，研究如何安排未执行的工程活动的执行时间及其赶工模式选择，建立以反应式调度成本最小为目标的数学模型。设计三种调度策略并相应地设计优化算法求解。最后，通过工程案例比较三种策略的有效性和适用性。

第九部分：结合 BIM 技术，搭建空间干涉识别与应急管理系统框架。介绍系统的组成模块，并设计基于该系统形成施工作业预调度方案，以及当突发空间干涉发生时识别与应对的流程。

第十部分：对本书的主要工作与贡献进行总结。

第二章

国内外研究现状

第一节　资源受限项目调度问题

对时间的管理是项目管理中最为重要的问题之一。彼得·德鲁克说："时间是最难的资源。如果时间管理不好，那别的什么也别想管理好。"（邱菀华等，2001）。项目调度问题（Project Scheduling Problem）是项目管理的基本问题之一，其主要任务正是合理地安排活动/任务的执行时间，以实现特定的目标（Demeulemeester 和 Herroelen，2002）。项目调度方法和技术的研究源于美国，早在 20 世纪 30 年代，亨利·甘特首次设计了甘特图法（Gantt Chart），可视化地表示出项目各活动时间安排，并应用于生产制造、项目管理等领域。随着科学技术不断发展和生产现代化，项目规模越来越大，构成也越来越复杂。到 20 世纪 50 年代后期，网络计划技术逐渐在工业生产、军事、航天等领域发展起来。网络计划技术是基于项目的网络表达形式而发展起来的一系列方法，即通过网络来表达项目中各个活动之间的逻辑关系。网络计划技术包括关键路径法（CPM）、网络计划评审技术（PERT）、图形评审技术（GERT）、搭接网络技术（DLN）、风险评审技术（VERT）等。20 世纪 60 年代，中国著名数学家华罗庚教授充分吸取国外理论和技术并结合中国国情，将关键路径法、计划评审技术等网络计划技术统一命名为“统筹法”，并大力倡导学习和使用网络计划技术。网络计划技术在著名的曼哈顿原子弹计划、阿波罗登月计划等世界瞩目的重大工程中得到了成功应用，即便至今也仍广泛应用于国民经济各个领域，被公认为当前最科学有效的项目管理方法之一（李先进和焦杰，2001；白思俊，2004；姚玉玲和刘靖伯，2008）。

然而，许多传统的项目网络技术并没有考虑资源供给量的限制，而是假设在资源无限制的情况下进行项目时间的安排（熊燕华等，2013）。事实上，活动的执行和完成、项目调度方案的实现和资源供给是密切相关的，Gagnon 等（2012）认为项目调度的本质就是对一组相互关联的活动进行资源分配。活动的正常执行离不开对原材料、人力、设备等各类资源的消耗和利用，因此，资源是调度计划方案得以顺利施行的物质支撑和保障。一些学者也将资源要素视为项目调度计划方案实现的关键要素之一（Gomes 等，2014；Li 等，2018；陶莎等，2018）。现实项目管理实践中，项目的资源供给往往都是有限的。因此，考虑资源限制的项目调度问题——资源受限项目调度问题（Resource-Constrained Project Scheduling Problem，RCPSP）应运而生。RCPSP 是指已知资源的供给限制，合理地安排活动的执行时间，满足活动工序关系和资源限制等约束，以达到项目工期最短等目标的一类运筹优化问题。RCPSP 考虑了资源的限制，更贴近现实背景，因而受到了学术界和工业界的广泛关注（方晨和王凌，2010），并得以拓展产生大量的延伸性问题，即一类考虑资源量限制的项目调度问题群，简称 RCPSPs（Weglarz 等，2011）。

一 RCPSP 的基本数学模型

最基本的 RCPSP 是在以下假设满足的情况下：假设活动之间的工序关系为无延迟的“结束—开始”关系；假设活动一旦开始便不可中断；只考虑可更新资源的限制，如人力、设备；假定完成每个活动所需时间和资源量已知且固定，解决如何安排每个活动的开始作业时间，使其满足活动工序关系和资源限制约束，并实现项目总工期最小化的目标。

不妨将项目表示为 AON 网络（Activity-On-Node），记为 $G = \{N,P\}$ 。AON 网络中的节点集合 $N = \{0,1,\cdots,n,n+1\}$ 表示项目活动，其中，活动 0 和活动 $n+1$ 分别表示虚拟的开始活动和结束活动。紧前活动集合 $P_i \subset N$ 表示活动之间的工序关系，若 j 是 i 的紧前活动，则 $j \in P_i$ ；否则为 $j \notin P_i$ 。假设项目需要的可更新资源种类集合为 $R = \{1,\cdots,|R|\}$ ，$r \in R$ 。已知任意资源 r 的可用量为 $\widehat{R}_r$ 。已知任意活动 i 的工期以及所需资源类型 r 的数量，分别记为 D_i 和 R_{ir} 。虚拟开始和结束活动的工期和资源需求均为零。项目计划周期（Plan Horizon）为 $[0,T]$ ，可离散化为时间段（Time Slot），记为集合 $T = \{1,\cdots,|T|\}$ ，$t \in T$ 。RCPSP 的决策变量是每个活动的开始时间，记为 s_i 。基于以上符号定义，该基本问题的概念模型描述如下。

[M2－1]：

min s_{n+1} (2－1)

s. t.

$$s_j + D_j \leqslant s_i, \forall j \in P_i \quad (2-2)$$

$$\sum_{i \in \Gamma_t} r_{ir} \leqslant \widehat{R}_r, \forall r \in R, t \in T \quad (2-3)$$

$$s_0 = 0 \quad (2-4)$$

$$s_i \in \{0,1,\cdots,T\} \quad (2-5)$$

公式（2－1）中，目标函数 s_{n+1} 表示虚拟结束活动的开始时间，由于虚拟结束活动持续时间为零，其开始时间等于结束时间，同时也等于项目的完工时间。约束公式（2－2）刻画活动之间的“结束—开始”工序关系，即任意活动的开始时间不得早于其前序活动的结束时间，其中活动 j 是活动 i 的紧前活动。约束公式（2－3）要求项目执行过程中，每个时段上的资源总使用量不得超过资源供给量限制，公式中的参数 Γ_t 表示在时间 t 上正在被执行的活动集合。公式（2－4）要求项目从 0 时刻开始。最后，公式（2－5）定义了

决策变量 s_i 的取值范围。

除了以上概念模型（非线性模型），RCPSP 还有相应的线性整数规划模型表达形式。定义 0/1 决策变量 x_{it}，其含义是当活动 i 在时段 t 结束时恰好完成，$x_{it}=1$；否则，$x_{it}=0$。下面建立 RCPSP 的线性整数规划模型［M2－2］。

［M2－2］：

$$\min \quad \sum_{t \in T} t \cdot x_{n+1,t} \tag{2-6}$$

s. t.

$$\sum_{t \in T} x_{it} = 1, \forall i \in N \tag{2-7}$$

$$\sum_{t \in T} t \cdot x_{jt} \leqslant \sum_{t \in T} t \cdot x_{it} - D_i, \forall i \in N, j \in P_i \tag{2-8}$$

$$\sum_{i \in N \setminus \{0,n+1\}} \sum_{\tau = t}^{t+D_i-1} R_{ir} \cdot x_{i\tau} \leqslant \widehat{R}_r, \forall r \in R, t \in T \setminus \{0\} \tag{2-9}$$

$$x_{it} \in \{0,1\}, \forall i \in N, t \in T \tag{2-10}$$

公式（2－6）中，目标函数 $\sum_{t \in T} t \cdot x_{n+1,t}$ 表示结束活动的完成时间，即整个项目的完工时间。约束公式（2－7）表示每个活动只能在一个时间点结束，即只能结束一次。满足上述假设中活动一旦开始便不可中断（非抢占性）的要求。公式（2－8）表示工序关系约束，其中，公式 $\sum_{t \in T} t \cdot x_{jt}$ 计算任意活动 i 的结束时间。约束公式（2－9）是资源限制约束。由于只有当活动的结束时间在区间范围 $[t, t+D_i-1]$ 之内，才说明该活动在时段 t 上正在被执行，因此，通过外层加和函数累计计算正在被执行的活动所需资源的总量，即得到每个时段上的资源总使用量，且要求该值不得超过资源供给限制。最后，公式（2－10）定义 0—1 决策变量 x_{it}。

二　RCPSP 扩展问题分类

由于 RCPSP 在国防军事、生产制造、建筑施工、企业管理等诸多领域十分常见，过去的几十年里，许多学者在基本的 RCPSP 中进一步考虑融合其他现实特征，例如多种执行模式、多个优化目标、广义的工序关系、参数的不确定性等，形成了大量的 RCPSPs（Artigues等，2013）。RCPSPs 的新特征一般来源于活动、关联、资源和目标四个方面（黄敏镁等，2007）。下面从项目的工序关系、活动模式、资源类型、抢占性等多个维度进行分类简要介绍。

（一）工序关系

任意项目可以分解为一组活动，并且项目活动之间不是相互独立的，而是具有相互影响、相互制约的关系。项目活动（或称“工序”），其时间安排受到活动之间逻辑关系的约束（或称“工序关系约束”）。所谓工序关系（Precedence Relations）具体是指两个活动执行的先后逻辑顺序及时间差，工序关系可以直观表现在各类项目网络表示图里相邻活动之间用编号大小、箭头指向或标注等方式上。较常见的逻辑关系主要包括以下四类。

1. “结束—开始”（Finish-to-Start，FS）

紧后活动的开始时间受到紧前活动的结束时间的约束，紧前活动结束之后一段时间，紧后活动才准许开始。

特别地，当要求紧后活动在紧前活动结束之后立即开始，即延迟为零时，称这类情况为“普通关系”，这也是最常见的项目工序关系。

2. “开始—开始”（Start-to-Start，SS）

紧后活动的开始时间受到紧前活动的开始时间的约束，紧前活动开始之后一段时间，紧后活动才准许开始。

3. “开始—结束”（Start-to-Finish，SF）

紧后活动的结束时间受到紧前活动的开始时间的约束，紧前活动开始之后一段时间，紧后活动才准许结束。

4. “结束—结束”（Finish-to-Finish，FF）

紧后活动的结束时间受到紧前活动的结束时间的约束，紧前活动结束之后一段时间，紧后活动才准许结束。

无延迟的 FS 型工序关系是最常见的关系，而包含其他工序关系的则被统称为“广义工序关系”。带延迟的FS型工序关系在实际应用中也有较强的现实意义，例如，工程项目涉及部分活动具有严格的结束—开始关系与等待时间要求，从而保证某些材料的凝固或工序结果达到某种状态要求，如墙面油漆刷完后需要一定的干燥时间。而SS型工序关系和FF型工序关系允许在一定情况下活动并行，从而加快项目速度、缩短工期（Ozdamar和Alanya，2001；Li和Womer，2009）。SF型工序关系则更多出于一般数学意义的考虑，该类逻辑关系的实际应用性较小。

（二）活动模式

活动（执行）模式是指为了完成某项活动而可能投入的资源类型以及数量的组合，这里的资源包含了时间、资金、人力、材料等。基本的RCPSP往往会假定项目活动只有一种执行模式，即活动任务的工期、资源需求、成本是已知且固定的。在一类多模式项目调度问题中，可以假设项目活动有多种执行模式，一般表现在活动持续时间以及其他可更新与非可更新资源数量等参数组合的取值上这类问题更符合现实需求，因为现实的项目管理中为了如期交付项目，活动常拥有多种执行模式，包括常规作业、赶工作业，而赶工作业又可细分为不同情景，如加班或聘请临时工等，通过加大资源投入量、采取激励模式等手段加快活动作业进程，降低违约成本（Weglarz等，2011；Jeunet和Orm，2020）。此时，每个活动需要在多种执行模式中选择一种进行工作，而每一个执行模式都对应着不同的资源消耗与相应的活动执行时间。因此，这类RCPSPs不仅需要决策活动执行时间，还需要给每个活动从备选的执行模式里选择一种模式执行。例如，某活动有两种执行模式，模式一是1个操作员执行4天完成；模式二是2个操作员执行2天完成。活动执行时间与所消耗的资源量有一定的关联，一般而言，在一定范围内资源投入量与活动执行时间负相关，即投入资源越多活动所需时间越短。

（三）资源类型

大多数研究将 RCPSPs 涉及的资源主要分为三类：可更新资源；不可更新资源；双重限制资源（Weglarz，1981；Slowinski，1981；Blazewicz 等，1986）。可更新资源是指资源的供给和使用是以时间段为单位进行计量与分配的。每个时间段内资源的可使用数量是有限的，该资源在某个时间段使用完成之后资源得到释放且可以被复用。最为典型的例子是人力资源以及生产设备。其中，关注人力资源的 RCPSP 一直是项目管理领域的研究热点，并由此产生许多研究问题，如：多技能资源受限项目调度问题（MSRCPSP），即考虑员工具备完成多项任务的工作技能（Néron，2002）；考虑学习效应的项目调度问题（Wu 和 Sun，2005）。不可更新资源是一类随着项目活动的开展，资源不断被消耗而不可更新的资源，如原材料、能源等。整个项目工期内的资源累计使用量不能超过上限。如果对于每个时间段和整个项目来说，资源供给量都是有限的，那么这类资源被称为双重限制资源。例如，如果项目整体的预算以及每个季度的现金流都有限制，那么这里的资金就是一类双重限制资源。由于双重限制资源约束可以由可更新和不可更新资源约束合并表达，双重限制资源不会增加模型的表述难度，因此一般研究里考虑较少（Sönke 和 Dirk，2010）。

值得一提的是，Böttcher 等（1999）在可更新资源的基础上进一步提出了“部分可更新资源”，即仅在部分时段内可更新的资源。例如，为了维护设备给每周的机器运转时间设置上限，又或者规定人员每周的周一至周五值班，至多在周末加班一天。部分可更新资源约束的模型化表达为：对于每种部分可更新资源 k，都设置一组时间段集合，成为资源 k 的时间子集（Period Subsets），记为 Π_k。在 Π_k 集合包含的时段内，资源 k 的总可使用量为 R_k^{Π}，即为每个时间子集定义了单独的部分可更新资源。如考虑前文举例员工的周末加班限制，显然每一天（周一到周日）就是一个时间段。部分可更新资源可定义如下：从周一到周五的每一天组成一个单独的时间子集，每个子集可使用量为1。周末加班限制则是通过定义另一个包含周六和周日的时间子集来实施的，在该子集内总可用量为1。Zhu等（2006）在多模式RCPSP中考虑了部分可更新资源约束。除了以上几种常见的资源类型，RCPSPs还涉及其他资源类型，如累积资源（Cumulative resources）（Neumann和Schwindt，2002）、连续资源（Continuous resources）（Blazewicz等，2007）、专有资源（Dedicated resources）（Bianco等，1998）等。感兴趣的读者可以查阅相关文献，这里不予赘述。

（四）抢占性

基本的RCPSP假设每个活动一旦启动就不能中断，活动占用资源直至活动完成。而在项目执行过程中，出于管理上的需要或外部条件的限制，可能会暂时中断某些活动的执行，从而导致“抢占”（Preemption）现象。例如，由于客户需求或生产计划的变更，机器可能被要求临时停止当前的生产任务而被调配加工客户要求的急件。Nudtasomboon和Randhawa（1997）、Brucker（2002）、Debels和Vanhoucke（2008）的研究均允许在离散时间点进行活动抢占，也就是说，活动可以在其执行时间内的任意整数时间节点被中断执行。Debels和Vanhoucke（2008）通过所谓的“快速跟踪”（Fast Tracking Option）扩展了抢占的概念：抢占产生的活动部分不需要按顺序处理，也可以同时进行。Franck等（2001）提出了项目计划的“日程表”（Calendar）概念，其中包括抢占式计划。Calendar被定义为一个二进制函数，用于确定每个时段是否可以执行活动，或是否发生中断。此外，模型要求每个活动j执行时间至少在$\in_j$时间内不得被打断。Damay等（2007）考虑了两种类型的活动。第一类活动不得中断；第二类活动可能会在任意时点（不一定是整数时间点）中断。

（五）优化目标

RCPSPs的优化目标多样，涉及时间类、财务类、资源类、质量类等多方面，其中，时间类目标函数是最为常见的类型。大多数 RCPSPs 以项目总工期或称项目完工时间（Makespan）最小化为优化目标（Kolisch 和 Hartmann，2006）。也有部分文章考虑以最大拖期（tardiness）最小化为目标，例如，Kolisch（2000）考虑了加权拖期的最小化；Neumann 等（2002）描述了最大拖期和加权总拖期的最小化目标函数；Lorenzoni 等（2006）首次提出了一种多模式项目调度问题，该问题考虑活动执行的时间窗，要求活动的提前和拖期在一个给定的时间窗口内进行。此外，根据项目管理者的实际需求，其他常见的优化目标还包括最小化项目总成本、最大化项目净现值、最大化项目质量等。从优化目标的个数来看，RCPSPs 可分为单目标和多目标两类。由于所考虑的多目标往往相互冲突，因此可以应用多目标调度模型在不同目标之间进行必要的权衡，获得 Pareto 解集。

本书主要以项目总工期最小化为目标，部分章节研究还涉及项目成本、资源均衡性目标（多目标优化研究）。由于项目调度目标函数表示较为成熟，本书不再详细介绍。感兴趣的读者可以参阅 RCP-SP 综述或书稿。如综述文章“Resource-Constrained Project Scheduling Problem: Review of Past and Recent Developments”（Habibi 等，2018）；还有专著《项目调度的数学模型与启发式算法》（寿涌毅，2019），其中的 2.3 节对每类目标函数进行了一一介绍。

（六）确定性

过去大多数项目调度研究集中在确定性调度问题，即 RCPSPs 涉及的所有参数都是已知且确定的，包括明确的活动内容、活动关联、活动参数，如工期与资源需求；资源的可使用量也是已知且确定的。然而在现实场景中，项目的执行过程中存在来自多方面的不确定性因素（Hazır 和 Ulusoy，2020），例如活动持续时间不确定、资源消耗与预期有偏差或具有波动性、资源供给风险带来的可用量的不确定，以及变更导致的新任务插入、天气原因导致项目停滞，等等。因此，不确定性项目调度问题被越来越多的国内外学者关注，已经成为项目调度研究领域的一个重要分支。

关于项目调度中不确定性的应对方式，主要分为预应式项目调度和反应式项目调度。预应式（或称前摄性、主动型）项目调度是指在项目计划阶段，基于预先估计可能出现的不确定性而生成基线调度方案，以应对不确定性的扰动。许多研究将项目中的不确定参数表征为已知的概率分布。郑维博等（2017）研究了带有随机活动工期的 Max-npv 项目鲁棒性调度问题，引入 RFDFF 缓冲方法生成鲁棒性调度计划以保证项目稳定执行并得到项目双方净现值的最大化。宁敏静等（2019）研究了带有随机活动工期的多模式现金流均衡项目调度问题，目的是在项目工期及鲁棒性阈值约束下合理安排活动执行模式与开始时间，实现承包商现金流均衡。还有学者基于关键链、时间或资源缓冲分配等方法解决问题（张静文和刘耕涛，2015；Ma，2019）。预应式调度制订的基准调度计划通常比较理想化，现实中调度计划调整或修复往往不可避免。反应式调度能根据实际情况，有效控制项目进程中的意外情况，是预应式调度的重要辅助。反应式（或称响应型）项目调度是指在项目执行过程中，针对临时出现的、没有预料到的不确定性，及时修复或重新调度项目活动，以消除或减小其对调度方案的影响（何正文等，2016）。

根据以上阐述总结以下分类，见表 2－1，以便读者对 RCPSP 各类型有整体性了解。

表 2－1　　RCPSPs 特征分类

维度	特征	特征描述
工序关系	普通关系	只考虑无延迟“结束—开始”关系，即活动的所有紧前活动结束后便可立即开始
	广义关系	考虑多种工序关系，包括“结束—开始”“开始—开始”“开始—结束”“结束—结束”，以及带有延迟时间限制的工序关系
活动模式	单模式	活动只有一种执行模式，工期、资源、成本参数唯一
	多模式	活动有多种执行模式，可选其中一种执行

续表

维度	特征	特征描述
资源类型	可更新	资源可以被反复使用，在每个时段上都满足资源使用量约束
	不可更新	资源随着活动开展和项目推进逐渐被消耗减少，应满足计划期内的资源消耗总量约束
	双重限制	在计划期内的资源使用总量以及每个时段上的资源使用量都满足限制条件
	部分可更新	仅在部分时段内可更新的资源
抢占性	抢占式	允许活动执行过程中被暂停，释放其所占用的资源
	非抢占式	活动一旦启动便不可中断，必须一次性执行完毕
优化目标	单目标	仅考虑优化一个目标
	多目标	考虑时间、成本、资源等方面多个指标的优化
确定性	确定性	活动持续时间、资源需求量等已知参数都是确定的
	不确定性	考虑环境不确定性的调度问题
其他	研究多个项目或项目群的项目选择以及调度问题	
	活动的作业时间有时间窗约束条件	
	假定项目网络非固定的项目调度问题	
	考虑资源转移时间，即资源在活动/项目之间转移需消耗时间	

从表2-1可以看出，基本的RCPSP是考虑单一执行模式，可更新资源约束以及“FS”无延迟工序关系，以项目工期最小化为单一目标的非抢占式的项目调度问题。几十年来，众多学者在基本的RCPSP基础上，根据现实需求或特征改变其中某个（些）特征或增加其他特征，形成了大量的RCPSP扩展问题。例如，将基本RCPSP中的单一模式拓展为多模式并增加不可更新资源约束，从而产生了多模式RCPSP（Elmaghraby，1977；Coelho和Vanhoucke，2011）。Dorndorf等（2000）提出了广义工序关系下的RCPSP。Krüger和Scholl（2009）提出了考虑资源转移时间的RCPSP。Ghoddousi等

（2013）研究时间—成本—资源多目标多模式 RCPSP。Roghanian（2014）研究可抢占式的多模式 RCPSP，并考虑时间—成本双目标优化。Besikci 等（2015）研究项目组合选择与多模式资源受限的多项目调度的集成问题。Tao 和 Dong（2017）提出了项目网络可变的 RCPSP，并进一步深化研究了多模式多目标以及活动工期随机变量情况（Tao 等，2018a、2008b）。Chakrabortty 等（2020）研究了以活动结束时间加权总偏差最小化为目标的反应式项目调度问题。

由于本书内容主要涉及以下四类典型的 RCPSP 扩展问题，分别是多模式 RCPSP、考虑资源转移时间的 RCPSP、多目标 RCPSP，以及反应式项目调度问题。因此，下一节将针对性地对这四类扩展问题进行详细介绍。其他 RCPSP 扩展问题介绍及详细研究，感兴趣的读者请参见 RCPSPs 综述文献及具体研究工作（Kolisch 等，1995；Lycett 等，2004；Allahverdi 等，2008；Hartmann 和 Briskorn，2010；Weglarz 等，2011；王凌等，2014）。

三　四类 RCPSP 扩展问题

（一）多模式 RCPSP

传统 RCPSP 都假定活动只有唯一的执行模式，然而实际项目中活动可能存在多个执行模式，每种模式对应着一组工期、资源需求量、成本参数值。起初，项目活动模式的选择问题是在时间/资源、时间/费用权衡问题中考虑的，活动的工期和资源/成本投入通常负相关（资源投入越高，成本越高，工期往往越短），项目管理者需要确定资源（如资金）投入量来加快或延缓项目进展速度。1977 年，Elmaghraby 首次提出考虑多种执行模式选择的项目调度问题，仅考虑一种不可更新资源的情况，以不可更新资源消耗总量最小化为目标。之后，Slowinski（1981）考虑可更新和不可更新资源双重约束的多模式项目调度问题。Talbot（1982）研究了非抢占式情况下的多模式项目调度的时间/资源权衡问题。正因其现实意义，之后多模式 RCPSP 得到了广泛研究，多模式成为许多 RCPSP 扩展问题的常规设定（De 等，1995；De Reyck 等，1998；Demeulemeester 等，2000；张静文等，2007）。

在多模式资源受限项目调度问题（Multi-mode Resource-Constrained Project Scheduling Problem，MRCPSP）中，管理者不仅要确定每个活动的执行时间，还要从每个活动的可选模式中选择一种执行模式来实现，满足可更新和不可更新资源限制约束以及工序关系约束，以达到特定的目标（Ghoddousi 等，2013；Van Peteghem 和 Vanhoucke，2014；Zhang，2012；刘士新等，2001；丁雪枫和尤建新，2012；彭武良等，2012）。显然，由于增添了模式组合选择问题和不可更新资源约束条件，MRCPSP 虽更加接近现实项目管理问题，但比 RCPSP 复杂性更高，解决难度也更大了（Bouleimen 和 Lecocq，2003；Wiesemann 等，2012）。因此，MRCPSP 问题在过去数十年间内吸引了大量国内外研究者设计有效的求解算法。

下面介绍 MRCPSP 的一般数学模型。不妨假设项目整个计划范围（Plan Horizon）离散化为时间段（Time Slot）集合，记为 $T = \{1,\cdots,|T|\}$，$t \in T$。仍将项目表示为 AON 网络（Activity-On-Node），记为 $G = \{N,P\}$。紧前活动集合 $P_i \subset N$ 表示活动之间的工序关系，若 j 是 i 的紧前活动，则 $j \in P_i$；否则为 $j \notin P_i$。引入每个活动可选的执行模式集合，记为 $M_i = \{1,\cdots,|M_i|\}$，$m \in M_i$。假设项目需要的可更新资源种类集合为 $R = \{1,\cdots,|R|\}$，$r \in R$，已知任意资源 r 的可用量为 $\widehat{R}_r$；不可更新资源类型集合定义为 $U = \{1,\cdots,|U|\}$，$u \in U$，已知任意资源 u 的可用量为 $\widehat{U}_u$。已知任意活动 i 在执行模式 m 下的工期为 D_{im}，所需可更新资源 r 和不可更新资源 u 的数量分别为 R_{imr} 和 U_{imu}。虚拟活动只有一种执行模式，且工期和资源需求均为零。定义 0/1 决策变量 x_{imt}，$x_{imt} = 1$ 表示当活动 i 执行模式 m 且在时段 t 结尾恰好结束执行；否则，$x_{imt} = 0$。建立以下 MRCPSP 的线性整数规划模型［M2－3］。

[M2－3]:

$$\min \quad \sum_{t \in T} t \cdot x_{n+1,m,t} \tag{2-11}$$

s. t.

$$\sum_{m \in M_i} \sum_{t \in T} x_{imt} = 1, \forall i \in N \tag{2-12}$$

$$\sum_{m \in M_i} \sum_{t \in T} (t \cdot x_{jmt} + D_{mj}) \leqslant \sum_{m \in M_i} \sum_{t \in T} t \cdot x_{imt}, \forall j \in P_i \tag{2-13}$$

$$\sum_{i \in N \{0,n+1\}} \sum_{m \in M_i} \sum_{\tau = t}^{t+D_i-1} R_{imr} \cdot x_{imr} \leqslant \widehat{R}_r, \forall r \in R, t \in T \backslash \{0\} \tag{2-14}$$

$$\sum_{i \in N \{0,n+1\}} \sum_{m \in M_i} \sum_{t \in T} U_{imr} \cdot x_{imt} \leqslant \widehat{U}_r, \forall u \in U \tag{2-15}$$

$$x_{it} \in \{0,1\}, \forall i \in N, t \in T \tag{2-16}$$

目标函数（2－11）表示最小化项目完工时间。公式（2－12）表示每个活动只能执行一种模式，且结束时间唯一。公式（2－13）表示工序关系约束。约束公式（2－14）表示可更新资源在每个时段上的使用量不得超过可更新资源数量限制。公式（2－15）表示整个项目的不可更新资源的消耗总量不得超过供给限制。公式（2－16）定义了0—1的决策变量。

（二）考虑资源转移时间的 RCPSP

基本的 RCPSP 只考虑活动工序关系和资源供给约束来安排活动的执行时间，并且假定在资源供给足够的情况下，活动可以在前序活动被完成的一瞬间立刻开始，即认为有限的资源从一个活动转移至另一个活动不需要任何时间。显然，这在许多场合是不成立的。例如，工程活动的施工场地往往分布于不同地理位置，当施工场地之间距离很远或者设备巨大、移动困难时，资源在施工地点之间的转移时间不容忽略，即便在地理空间层面项目活动没有分散，资源没有在物理空间内发生实质性转移，也可能存在“虚拟的”转移时间。例如，在研发项目中，员工从一项事务（活动）转而执行另一项事务（活动）往往需要一定的准备时间（Setup Time）。一些学者考虑到现实中的资源转移时间会对项目调度方案产生较大的影响，从而提出了考虑转移时间的 RCPSP（RCPSP with Transfer Time，RCPSP-TT）。

RCPSP-TT 不仅仅要考虑如何安排活动执行时间，也要配置有限的资源，确定资源的转移路径或资源的作业流（Workflow）（资源依次作业活动的顺序）。若不考虑资源差异，按照转移时间是否依赖作业顺序，可以分为活动序列无关（Sequence-independent）和活动序列依赖（Sequence-dependent）两种转移时间。活动序列无关的转移时间是指所有可能的活动序列转移时间都相同。活动序列依赖则是指资源转移的时间会根据活动序列的不同而发生变化（Allahverdi 等，2008）。Kolisch（1996a）建立了考虑活动序列依赖的 RCPSP 的 0—1 整数规划模型。Mika 等（2008）还考虑了资源异质性，资源转移时间不仅依赖于作业序列，还依赖于所分配的作业资源，称为方案依赖（Schedule-dependent）的转移时间。Krüger 和 Scholl（2009、2010）将资源转移特征扩展到多项目调度问题中，分别考虑活动之间以及项目之间的资源转移时间，并设计了多种活动规则和资源转移规则的启发式算法求解该问题。Adhau 等（2013）构建了多主体系统来解决考虑资源转移的分布式多项目调度问题。Poppenborg 和 Knust（2016）不同于以往研究者从活动计划视角，而是从资源角度将问题的解表示成资源流，并设计邻域生成机制，进而设计禁忌搜索算法求解 RCPSP-TT 问题。目前，国内关于 RCPSP-TT 的研究还较少。在多项目调度领域，宗砚等（2011）以各子项目工期的加权和最小为目标，设计了改进的遗传算法求解带有资源转移时间的多项目调度问题。严飞（2012）运用模糊理论，研究资源转移时间不确定条件下的多项目调度问题。陆志强和刘欣仪（2018）将分支定界法与遗传算法相结合，设计了一种内嵌分支定界寻优搜索的遗传算法求解以工期最小化为目标的 RCPSP-TT 问题。

下面介绍 RCPSP-TT 的数学模型。除了前文介绍的符号，这里新增定义符号：资源类型 r 的每单位资源从活动 i 转移到活动 j 所需的时间为 δ_{ij}^{r}。定义三类决策变量：变量 s_i，表示活动 i 的开始执行时间，$s_i \in \{0,1,\cdots,T\}$；布尔变量 y_{ij}^{r}，表示当资源 r 在执行活动 i 之后转移至活动 j，$y_{ij}^{r}=1$，否则，$y_{ij}^{r}=0$；变量 v_{ij}^{r}，表示从活动 i 转移至活动 j 的资源类型 r 的数量。假设时刻 0 时所有资源都处于虚拟开始活动 0 处，项目完成时所有资源都到达虚拟结束活动 $n+1$ 处。其他符号含义同前文，用 RCPSP-TT 的数学模型表示 [M2－4]。

[M2－4]：

$$\min \quad s_{n+1} \tag{2-17}$$

s. t.

$$s_j + D_j \leqslant s_i, \forall j \in P_i \tag{2-18}$$

$$s_j + D_j + \delta_{ji}^{r} \leqslant s_i + M \cdot (1 - y_{ji}^{r}), \forall i,j \in N, r \in R \tag{2-19}$$

$$y_{ij}^{r} \leqslant v_{ij}^{r}, \forall i,j \in N, r \in R \tag{2-20}$$

$$v_{ij}^{r} \leqslant y_{ij}^{r} \cdot \min\{R_{ir}, R_{jr}\}, \forall i,j \in N, r \in R \tag{2-21}$$

$$v_{ii}^{r} = y_{ii}^{r} = 0, \forall i \in N, r \in R \tag{2-22}$$

$$\sum_j v_{0j}^{r} = \sum_j v_{j,n+1}^{r} = \widehat{R}_r, \forall r \in R \tag{2-23}$$

$$\sum_j v_{ij}^{r} = \sum_j v_{ji}^{r} = R_{ir}, \forall i \in N \setminus \{0, n+1\}, r \in R \tag{2-24}$$

$$s_i \in \{0,1,\cdots,T\}, y_{ij}^{r} \in \{0,1\}, v_{ij}^{r} \in Z \tag{2-25}$$

目标函数（2－17）和约束公式（2－18）分别是项目完工时间和工序约束，不予赘述。约束公式（2－19）表示若有资源从活动 j 转移至活动 i，活动 j 的开始时间应该不早于活动 i 的完工时间加上资源转移时间 δ_{ji}^{r}。约束公式（2－20）刻画了变量 y_{ij}^{k} 和 v_{ij}^{k} 之间的关系。约束公式（2－21）表示资源转移数量不允许超过任务的资源需求量。约束公式（2－22）表示任意活动无法向自身转移资源。约束公式（2－23）表示所有资源流应从开始节点流出，最终流入结束节点。约束公式（2－24）是针对中间任意一个活动的资源流入和流出平衡约束。公式（2－25）定义了三类决策变量。

（三）多目标 RCPSP

多目标 RCPSP（Multi-Objetive RCPSP，MORCPSP）是指优化的目标多于或等于两个，且目标之间往往相互影响、相互制约，某一方目标的改善常常以其他目标损失为代价，因而管理者需要在不同的目标之间做权衡（雷德明和严新平，2009；Ballesti 和 Blanco，2011；Dridi 等，2014）。其中，时间/成本权衡问题（Time/Cost Trade-off problem，TCTP）是最常见、研究最广的双目标项目调度问题（熊燕华等，2013）。现实中，活动的成本和工期往往成相反的关系，资金投入越多，工期越短。最初 TCTP 是由 Kelley（1961）提出的，假设活动的工期和成本是负相关的函数关系，旨在求解最优项目调度方案以达到工期和成本两者之间的平衡。根据工期—成本函数属于连续或是离散，又可将其分为连续 TCTP 问题和离散 TCTP 问题两种。离散化的 TCTP 问题本质上是考虑时间、成本双目标优化的 MRCPSP 问题（De 等，1997；张静文等，2007；单绘芳和张静文，2012）。除了 TCTP 这一经典的问题，许多学者还基于现实背景研究了其他多目标项目调度问题，涉及资源均衡、工程质量、净现值等诸多目标。除了项目工期这一时间类目标，有些学者还考虑了活动等待时间、活动开工时间的加权和等目标。例如，Afruzi 等（2014）研究时间、成本和质量三个目标权衡的 MRCPSP 问题。Gomes 等（2014）研究带有项目工期最小和活动的总加权开始时间（the total weighted start time of the activities）最小两个优化目标的 RCPSP，分析比较了五种多目标元启发式算法的性能。Yu 等（2017）提出了一种基于多目标集的粒子群优化算法来求解项目工期—等待时间—资源消耗最小化的多目标优化问题。资源也是项目调度的关键要素之一，项目管理者在制订进度计划时往往希望每个时段的资源使用量尽可能均衡，从而有利于提升资源的利用率，同时降低资源配置成本。考虑资源均衡这一资源类的目标，Zahraie 和 Tavakolan（2009）

设计了一种两阶段算法求解时间—成本—资源均衡最优的项目随机调度问题。现金流也是项目管理过程中的关键要素之一，净现值也成为项目调度中的重要财务类优化目标（李诗娴，2012）。Hassanpour 等（2017）针对抢占式多模式 RCPSP，提出使用非支配排序遗传算法（NSGA Ⅱ）和多目标帝国竞争算法（MOICA）来最小化工期和最大化净现值（NPV）。同样考虑净现值目标，Rad 等（2016）又增加考虑了计划质量目标，研究资源约束下净现值（NPV）和计划质量（the Quality of Programmming）双目标优化的项目调度问题，其中的计划质量主要指项目活动的质量不足而额外产生的时间和成本。当参数具有不确定性时，项目调度方案的鲁棒性往往也是优化的目标之一。Palacio 和 Larrea（2016）考虑在活动持续时间参数不确定情况下的项目鲁棒调度问题，构建混合的整数线性规划模型并提出一种词典法来求解工期最小化、鲁棒性最大化的双目标 RCPSP。

MORCPSP 的求解需要采用多目标优化理论和方法（林锉云和董加礼，1992）。多目标优化的一般模型为［M2 -5］，不妨假设该模型共有 O 个最小化目标，约束由 P 个不等式约束和 Q 个等式约束构成，x 表示决策变量。

［M2 -5］：

$$\min \quad F = [f^1(x), f^2(x), \cdots, f^O(x)] \tag{2-26}$$

s. t.

$$g_p(x) \geqslant 0, l = 1, \cdots, P \tag{2-27}$$

$$h_q(x) = 0, q = 1, \cdots, Q \tag{2-28}$$

假设存在任意两个可行解 x_1 和 x_2，表示为 $x_1, x_2 \in D_x$，其中可行域 $D_x = \left\{ x \in R^n \mid \begin{matrix} g_p(x) \geqslant 0, l = 1, \cdots, P \\ h_q(x) = 0, q = 1, \cdots, Q \end{matrix} \right\}$。当对于任意一个目标 $f^o(x), o \in \{1, \cdots, O\}$，都有 $f^o(x_1) \leqslant f^o(x_2)$ 成立，并且存在至少一个目标 o^*，使得 $f^{o^*}(x_1) < f^{o^*}(x_2)$ 成立，则称可行解 x_1 支配 x_2，

记为 $x_1 < x_2$ 。倘若对于一个可行解 $x^*, x^* \in D_x$ ，不存在另一个可行解 $x, x \in D_x$ ，使得 $x < x^*$ ，则称 x^* 为该模型的 Pareto 解（非支配解，非劣解）。不同于单目标优化问题往往只需要求一个最优解，多目标优化问题因为涉及多个目标通常存在多个最优解，即由多个 Pareto 解构成的 Pareto 解集。在不考虑决策者目标偏好信息的情况下，Pareto 解集中的解都是同等好的，无法直接比较谁更优。Pareto 最优解的目标向量在目标空间中呈现“此消彼长”的关系，构成的曲线称为 Pareto 前沿。

多目标优化问题的求解方法主要分为两大类：间接法和直接法。间接法本质上是将多目标问题转化成单目标问题求解，并且把单目标问题的解作为原多目标问题的最优解，但这类方法还是会吸收决策者的目标偏好而导致只能求解部分反映偏好的最优解，难以求解出整体解集。间接法又可细分成几类，主要有五种：一是线性加权法，即将所有目标加权求和成为一个目标。二是主目标法，即从多目标中只选择一个主要（重要）目标，其他目标转化为约束。三是理想点法，即事先对每个目标设定一个理想值，找出与目标理想值最近的解。四是效用函数法，即引入效用函数，将目标值转化为效用大小来评价各个解的优劣。五是分层排序法，即将目标按重要程度从大到小排序，再按顺序依次求解各个目标的最优解，注意应保证在前一目标的最优解满足的前提下再求解后一个目标的最优解。间接法本质上是在已知决策者对目标的偏好信息的条件下，通过赋权、排序、确定主次等，将多目标优化模型转化为单目标优化模型。

不同于间接法，直接法无须利用决策者对目标的偏好信息（或者说是决策者的目标偏好未知），直接求解或者逼近 Pareto 解集和 Pareto 前沿。对于复杂的优化问题，并非所有算法都能精确求出 Pareto 解集，所求解的往往只是理想 Pareto 解集的近似。为了评估多目标优化算法优劣，已有研究从非支配解数量（质量）、收敛性和多样性三个方面进行评估，下面逐一介绍。不妨定义算法所求的近似 Pareto 解集为 $PS = \{x_1, x_2, \cdots, x_g\}$，其中，$g$ 表示解的数量。假设精确（理想）的 Pareto 解集定义为 $PS^* = \{x_1^*, x_2^*, \cdots, x_g^*\}$，其中，$g^*$ 表示最优解个数。评价 $PS = \{x_1, x_2, \cdots, x_g\}$ 优劣的三方面指标度量如下：

质量准则（Quality Metric，QM）：非支配解的百分比，按公式（2－29）计算。其中，函数 $COUNT\{*\}$ 表示计数函数。

$$QM = \frac{COUNT_{i=1}^{g}\{x_i < x_j^* \mid j \in \{1, \cdots, g^*\}\}}{g^*} \quad (2-29)$$

收敛性准则（Convergence Metric，CM）：PS 的目标值离 Pareto 最优前沿的平均距离，如公式（2－31）表示。其中，d_i 表示解 x_i 的目标离 Pareto 最优前沿的欧式距离（归一化处理），计算公式为（2－30）。$f_{\max}^{O^*}$，$f_{\min}^{O^*}$ 分别表示 Pareto 前沿中目标 m 的最大值和最小值。

$$d_i = \min\left\{\sqrt{\sum_{O=1}^{O}\left(\frac{f^O(x_i) - f^O(x_j^*)}{f_{\max}^{O*} - f_{\min}^{O*}}\right)^2} \,\middle|\, j = \{1, \cdots, g^*\}\right\} \quad (2-30)$$

$$CM = \frac{\sum_{i=1}^{g} d_i}{g} \quad (2-31)$$

多样性准则（Diversification Metric，DM）：PS 的目标值的多样性，即在目标空间中分布的分散程度，计算如公式（2－32）所示。

$$DM = \sqrt{\sum_{O=1}^{O}\left(\frac{\max\{f^O(x_i) \mid i = \{1, \cdots, g\}\} - \min\{f^O(x_i) \mid i = \{1, \cdots, g\}\}^2}{f_{\max}^{O*} - f_{\min}^{O*}}\right)} \quad (2-32)$$

算法求解出最优解集的 QM 越大，CM 越小，DM 大，则表示算法求出的解集的质量越高（越逼近精确 Pareto 解，且解的多样性越好），多目标优化算法的性能越高。

（四）反应式项目调度问题

基本的 RCPSP 只考虑确定性环境下的资源配置与活动时间安

排，而项目实际执行过程中往往存在诸多不确定性因素，如随机任务插入、资源水平波动、交付日期变动等。因此，求解不确定性环境下的项目调度问题是近年来项目调度领域的研究热点。现实中，一些风险或不确定时间涉及因素多且过程复杂，尤其随着现代工程规模、复杂度、多样性日益提升，甚至会发生难以预料的突发事件。相对于预应式调度思路，学者们便提出了反应式调度作为其补充。反应式调度是指在项目执行过程中，针对临时出现的、没有预期的不确定性扰动，及时修复或重新调度项目活动，以消除或减小其对调度方案的影响，因此在一些文献中又被称为再调度或重调度（Re-scheduling）。反应式项目调度（Reactive Project Scheduling）作为应对不确定性的项目调度方法之一，一般应用于不确定性较大的项目管理场景（Demeulemeester 和 Herroelen，2002）。

反应式项目调度的目标通常是最小化反应性调度前后调度方案的偏差，且这种偏差通常用基准调度方案的调整成本来衡量。大部分反应性项目调度问题以最小化基准调度方案的调整成本为目标，但是由于不同文献所提问题具有不同的特点，所以在不同的文献中，基准调度方案调整成本的组成会稍有不同。其中，大多数文献将反应性调度前后活动开始时间的变更费用作为基准调度方案调整成本的重要组成部分。

现有的反应式调度有重调度、修复调度、赶工策略等几类。其中，重调度是指为了达到较高的调度质量，将尚未完成的活动集合看成一个完整的项目，对其进行重新调度（何正文等，2016）。完全重调度方法可以视为对未完成活动进行确定性项目调度。修复调度是指为快速恢复调度方案而采用的较简单的策略。最简单的修复策略是右移规则，右移规则将因资源中断或优先关系约束而受到影响的活动沿着时间轴向后推移（Smith，1995）。这种简单的修复调度方法适用于对反应速度敏感的项目调度，但是，由于这种策略没能重新编排活动顺序，因此可能会导致较差的调度质量。赶工策略是指在项目执行过程中，突发事件导致项目进度小于预期时，通过合理增加资源投入加速活动进程，赶齐部分或全部活动工期，以达到预期的时间要求。

诸多国内外学者对反应式调度问题开展了较深入的研究。Zhu等（2005）制定了一个从项目中断中恢复的整数线性规划模型，考虑了活动持续时间、网络和资源可用性的中断，除了重新安排时间，还允许更改活动模式并提高资源可用性，提出了一个综合目标函数，该函数是项目工期、进度稳定性和恢复成本的函数，并在以下恢复选项中做出决定：更改活动的完成时间或模式，以及提高资源可用性。倪冠群等（2009）针对关键活动发生不确定性延误的项目进度—费用优化问题，从占线策略与竞争分析的角度，设计了占线预赶工策略，给出了策略竞争比，同时分析了一般赶工策略与离线最优策略的关系，得到了关于一般策略费用与最优策略费用比值的三条性质。Ivanov和Sokolov（2010）将现代优化控制理论与运筹学理论结合起来，开发了一种全新的动态供应链调度方法，用以应对调度过程中的各种不确定性。张沙清等（2011）以最小化活动开始时间的加权总偏差为目标，分别设计了一种基于优先规则的微粒群算法和一种改进的微粒群算法求解反应式多项目调度问题。Deblaere等（2011）对多模式RCPSP的反应性调度方法进行了研究，通过改变活动执行模式进行赶工，以缩短活动用时。文章分别设计了精确算法和启发式算法，用来修复受到扰动的调度方案。其最小化调整成本目标由两部分构成，分别是活动开始时间偏离成本和模式转换成本。毕安东（2018）针对在工程项目中的突发事件，以时间成本和工期受突发事件扰动最小化为目标建立数学模型，并通过工程项目建设数据，对数学模型以及设计的遗传—禁忌搜索算法可行性进行了验证。

四 RCPSPs的求解方法

除了以上在外部实际应用的需要驱动下人们对RCPSP的扩展研究，由于RCPSP本身的求解难度非常大，在这一内部驱动力的推动下，过去几十年在 RCPSP 求解算法设计方面也形成了丰富的成果。

RCPSP 不同于资源量无约束的项目调度问题，当资源供给量有限时会出现并行活动因资源不足而无法同时执行的情况。通俗地说，执行某些活动需要占用资源，若其他活动恰好也需要该资源，那么必须等待资源被利用完释放之后才能开始执行，这样就严重影响了项目的进度，使得基于网络计划技术生成的进度计划和实际进度产生较大的偏差（王静等，2017）。如何分配有限的资源，让哪些活动先执行，哪些活动后执行，其中有许多种可能性，且随着问题规模的增大，容易产生组合爆炸。RCPSP 被证明是 NP-hard 问题，而 RCPSP 的许多扩展问题比 RCPSP 本身更复杂，因此求解更加困难。例如，MRCPSP 还要考虑模式选择决策，MORCPSP 需要在多个目标之间权衡，等等。RCPSPs 的有效求解方法也是国内外诸多学者一直关注和研究的重点。目前的方法可大致分为三类，分别是精确算法（Sprecher 等，1997）、启发式算法（Kolisch 和 Hartmann，2006；Ballestin 和 Trautmann，2008；Ranjbar，2008）和智能优化算法/元启发式算法（Van Peteghem 和 Vanhoucke，2014）。

（一）精确算法

精确算法包括穷举法、分支定界法、动态规划法等。这类算法主要是通过数学规划相关理论对项目调度问题进行公式化的求解（宋红星和曹文彬，2010）。在计算资源和计算时间有限的情况下，精确算法往往被用来求解任务较少的中小规模项目调度问题。当存在可行解的情况时，精确算法可以确保至少找到一个可行解甚至是最优解，或者验证不存在可行解的情况。除此之外，精确算法的求解结果往往可以帮助研究者提出或验证新的启发式策略和算法。在已有文献中，关于 RCPSP 的精确算法的研究更多地中在分支定界法（Branch and Bound Method）（应瑛，2010；胡淑芳，2012）方面。分支定界法是由 Balas（1968）提出的求解一般线性整数规划问题的方法，其根本是“分而治之”（divide and conquer）的策略，即将整数规划的可行域分割成一些小的集合，接着在每一个小集合上求解相应的目标函数最优值（还可以继续采用“分而治之”的策略，直到子问题不可分解或不能产生最优解），最后将结果集成并求出原问题的最优解。问题变为子问题的这一过程就称为“分支”。在分支过程中，还可以采取方法对子问题进行分析，估计子问题的目标值的界限（Bound），即为“定界”。将子问题最优值的某个界与原问题可行解目标值进行比较，如果可以判断子问题无法获得更好的可行解，那么无须再对该子问题进行求解，删掉该分支（称为“修枝”），对剩下的不确定的分支继续进行“分支”和“定界”操作（黄红选和韩继业，2006；徐玖平和胡知能，2008）。对同一问题，不同的分支方法和定界规则会形成不同的分支、定界策略。尽管不同的方法采用不同的分支、定界策略，但是搜索策略主要集中于深度优先和广度优先策略，两者中应用最为广泛的是对内存空间要求较少的前者。而分支定界算法主要包括直接选择、优势法则和下界法，其中较为有效的下界法在控制节点个数和算法的执行效率方面表现更为理想，应用更为广泛。传统的下界计算方法是求解原问题的松弛问题，并将求解的目标值作为原问题目标值的下界，这种方法被称为“构造性（直接）方法”。一些实验表明，新出现的“破坏性（改进）下界算法”，在求解 RCPSP 中可以得到更好的下界（邓林义，2008）。Stinson 等（1978）针对静态工作间的项目活动安排，提出了基于扩展可选择活动集合算法以减少所有活动的完成时间。Demeulemeester 和 Herroelen（1992）提出了基于深度优先搜索策略的新算法，在该方法中，每个节点代表满足约束的部分进度方案，每个分支由尽可能详尽且活动组合最小的父节点发散而来，方案的主要部分在先后关系和资源边界的基础上采用线性修枝规则求得。Christofides 等（1987）描述了一种资源约束下的分支定界算法，该算法通过使用分离弧线来解决资源方面的供需冲突。Brucker 等（1998）融合了约束传播技术（Constraint-Propagation Techniques）设计面向时间（Time-Oriented）的分支定界法求解 RCPSP。Sprecher

（2000）将关注的重点转向分支定界的概念，尝试通过调整将其应用到各种问题场景中，其中一般方法可处理多模式、资源随时间变化以及多目标等问题。毛宁等（2001）采用事件驱动的时间增量方式的分支定界算法来求 RCPSP 的精确解。蒋根谋（2005）设计了一种枚举式分支切割方法（Branch and Cut Procedure），通过扩展分支切割树来找寻 RCPSP 的最优解。

（二）启发式算法

用精确算法求解 RCPSP 虽可以得到最优解，但往往需要消耗大量的计算时间和计算资源，尤其在解决现实中复杂的中大型规模项目调度问题时，常常出现“组合爆炸”现象。因此，项目管理者往往更愿意花较短的时间得到一个满意（次优）的调度方案。启发式算法虽然在大多数情况下无法保证所得解的最优性和可行性，甚至无法确定同最优解的近似程度，但是可以提供计算质量和计算效率上的良好平衡，并且有着执行效率高，易于集成到软件系统的特点。启发式算法主要是由调度方案生成机制（Schedule Generation Scheme，SGS）和优先规则（Priority Rules）两个部分组成。

调度方案生成机制（Schedule Generation Scheme，SGS）是影响算法性能的核心之一，由 Kelley（1963）首次提出。它是指从零开始，对不完全计划进行逐步扩展，直至生成可行的完整项目计划。根据扩展的方式不同，生成机制可以分为两种：一是以活动任务为阶段变量—串行调度方案生成机制（Serial Schedule Generation Scheme/Serial Scheduling Scheme，SSS），二是以时间为阶段变量—并行调度方案生成机制（Parallel Schedule Generation Scheme/Parallel Scheduling Scheme，PSS）（应瑛，2010）。Hartmann 和 Kolisch（2000）通过大量数值实验，分析比较了以上两种调度方案的生成机制，结果表明对于含任务数较多或资源强度较小的项目，并行的搜索空间小于串行，但更易遗失最优解。当计算时间充裕时，串行机制的结果表现更优（Goldberg 和 Holland，1988）。以下表述了两种生成机制的基本原理。

串行调度方案生成机制：传统的串行调度的执行过程共包括 n 个步骤。调度过程中涉及两个不相交的任务集：已经计划安排的任务集（计划集）S，未计划的任务集 D_n 。在每个步骤中，根据优先规则从可选的任务集（决策集）中选择一个任务（如选择具有最小任务编号的任务），并根据优先级和资源可行的最早开始时间进行调度，将所选任务从决策集中移除并放入计划集，直到所有任务都被调度后结束。

并行调度方案生成机制：生成一个调度计划最多需要 n 个步骤，在每个步骤中，先确定当前调度阶段的调度时刻，即已经被确定开始执行时间的任务集合中的最小完成时刻。接着，在剩余资源限制条件满足的情况下，从待调度的任务集合中基于优先规则选择一组任务进行调度，重复以上步骤直至所有任务都被调度完。

优先规则：作为启发式算法的另一核心问题，优先规则是在调度方案生成机制的每个步骤中，从候选任务集合中选择待调度任务，逐步扩展调度方案的依据，起到解决活动间资源冲突的作用。许多学者针对 RCPSP 定义多种优先规则，常用的几种见表 2－2。

表 2－2　　RCPSP 的优先规则

优先规则	公式	参考文献
最短任务工期 (Shortest Processing Time，SPT)	$\min\{D_i\}$	Cooper，1976
最多后续任务 (Most Total Successors，MTS)	$\max\{S_i^*\}$	Olaguibel 和 Goerlich（1993）
最高排位权重 (Greatest Rank Positional Weight，GRPW)	$\max\left\{P_j+\sum_{h\in S_j}P_h\right\}$	Olaguibel 和 Goerlich（1993）
最晚开始时间 (Last Starting Time，LST)	$\max\{LS_i\}$	Kolisch 和 Hartmann，1999

续表

优先规则	公式	参考文献
最晚完成时间 (Last Finish Time, LFT)	$\max\{FS_i\}$	Kolisch 和 Hartmann, 1999
最小松弛时间 (Minimum Slack Time, MSL)	$\min\{LS_i - ES_i\}\ LS_j - ES_j$	Kurtulus 和 Davis, 1982
最坏情况下松弛时间 (Worst Case Slack Time, WCST)	$\min\{LS_i - \max\{ES_i\}\}$	Klein 和 Scholl, 1999
最大资源总需求量 (Greatest Resource Demand, GRD)	$\max\left\{D_i \sum_r R_{ir}\right\}$	Klein, 2000

除了以上关于启发式规则设计的研究，许多学者还针对不同启发式规则的计算性能进行比较研究，例如在早期的研究中，Boctor（1990）研究了并行和串行规则下的多启发式（Multi-Heuristic Procedure）和单启发式算法（Single Heuristic Procedure）间的关系。Kolisch（1996b）研究了传统的资源约束项目调度中的串行、并行调度方法，提供了各种方法的理论结果，并通过大量计算深入探讨单路算法（Single-Pass Scheduling）和抽样算法间的关系。进一步，Kolisch 和 Drexl（1996）采用 RCPSP 生成系统生成 360 个算例，并针对四种不同的启发式方法进行了比较实验。在国内，白思俊（1993）较早且较为全面地研究与总结了启发式算法，通过分析比较已有的三十种启发式规则，提出较为有效的准则。

（三）智能优化算法/元启发式算法

实际工程中的优化问题通常具有非连续、非线性、多极值、多约束、规模大等特点，快速有效地解决这类高度复杂的问题，已经成为诸多学者的主要研究目标和研究方向。20 世纪 80 年代以来，人们受到一些自然现象的启发，根据其原理，模仿其现象或过程而设计出算法。例如，借鉴固体的退火原理的模拟退火算法、模仿自然进化机制的遗传算法、模拟鸟群群体行为的粒子群算法、模仿蚂蚁觅食行动的蚁群算法，等等。这些算法具有构造直观性、可大规模并行、自组织、自适应等独特优势，在诸多领域得到了成功应用。这些算法通常被称作智能优化算法（Intelligent Optimization Algorithms），或元启发式算法（Metaheuristics）（邢文训和谢金星，2005；Blum 和 Merkle，2011）。智能优化算法为解决 RCPSPs 提供了新的思路和手段，从而引起了国内外学者的广泛重视。由于 RCPSPs 的复杂性，精确算法通常只能够处理小规模的问题，对于更大、更复杂但更实际的问题，基于规则的启发式方法难以一次性得到较优的解，当前应用比较广泛的是采用智能优化算法来指导启发式算法向可能含有更优解的解空间区域进行搜索（刁训娣，2010）。实践证明，智能优化算法在计算性能、可扩展性和实现便利性方面均表现出色（Bouleimen 和 Lecocq，2003）。近年来，诸多国内外学者采用各类智能优化算法求解 RCPSPs 并收获良好的效果，如遗传算法（Vicente 等，2008；Goncalves 等，2011；Afshar-Nadjafi 等，2013；Türkyılmaz 和 Bulkan，2015；初梓豪等，2017）、模拟退火（Jozefowska 等，2001；Afshar-Nadjafi，2014；Tao 和 Dong，2017）、粒子群优化（Masdari 等，2017；Li 等，2018；陶莎等，2018）、蚁群优化（Merkle 等，2002；Deng 等，2010；Olech，2015）、蛙跳算法（Wang 和 Fang，2011；Amirian 和 Sahraeian，2017）、教与学优化算法（Liu，2015）等。下面简要介绍四种常见的智能优化算法在 RCPSPs 上的应用。

1. 禁忌搜索算法

禁忌搜索算法（Tabu Search，TS）是由梯度下降法演化而来的一种邻域搜索算法。TS 为了避免重复搜索、搜索发生死循环的情况，采取一个禁忌列表（Tabu List）记录最新的、已经访问的若干解，从而限制回访。TS 的优点是可以保证不会重复搜索已访问过的邻域（赵轩，2016）。针对求解 RCPSP，Baar 等（1999）等提出了两种 TS，一种是基于关键弧删除和列表调度技术，另一种是通过添加并行活动或者删除并行关系来生成邻域。Nonobe 和

Ibaraki（2002）对基于任务列表编码方式的禁忌算法进行了研究。Pan 等（2008）通过并行调度方案生成机制产生初始解这一步骤改进了传统 TS，实验发现，改进的 TS 求解 RCPSP 所需要的时间比传统 TS 的更短，且能够提供更优的结果。Poppenborg 和 Knust（2016）研究了考虑资源在不同活动、地点间运输时间的 RCPSP，并提出一种 TS 求解。

2. 模拟退火算法

Kirkpatrick 等（1983）等首先意识到组合优化和固体退火过程存在类似性，在冷却表控制算法的进化进程基础上，采用 Metropolis 准则接受新解（以概率接受新状态），提出一种新的组合优化算法——模拟退火算法（Simulated Annealing，SA）。SA 的基本原理是首先生成一个初始可行解，接着按 Metropolis 准则改进当前解，直到每次迭代得到的解不再具有改进的空间为止。该算法的优点是可以跳出局部最优，具有较强的局部搜索能力；缺点是收敛速度慢，不具有很好的应用性。早期，Boctor 和 Bouleimen（1983）求解经典 RCPSP 时使用了 SA，主要使用主动链表编码和串行调度方案进行解码。Bouleimen 和 Lecocq（2003）提出了基于活动列表编码的 SA，采用基于插入式转移变换的邻域搜索策略，并将其拓展到求解多模式 RCPSP，通过标准问题库验证了算法的有效性。Valls 等（2005）设计了一种简单的 SA 求解 RCPSP，根据一定的概率来确定是保持原来的顺序还是采用基于偏差的随机采样方法来选择活动。Shukla 等（2008）设计了基于模糊自适应样本分类的 SA，算法采用基于权重系数的编码方法和串行调度生成方案解码机制，通过模糊逻辑控制器（FLC）控制优先权系数的交换概率。Afshar-Nadjafi（2014）在多模式 RCPSP 中考虑资源租入和租出成本，以成本最小化为目标，求解多模式资源可用性成本问题（the multi-mode resource availability cost problem）。

TS 和 SA 都属于基于单点搜索的智能优化算法。其基本特点是，每次迭代的当前解只有一个（最开始为初始解）。在定义邻域的基础上，算法通过自身的搜索规则和迭代规则在邻域内不断地搜索新解（赵秋红等，2013）。不同于基于单点搜索智能优化算法，基于群体搜索的智能优化算法是一类以多个解（个体）组成群体的方式，通过个体之间的信息交互完成迭代寻优的算法（梁艳春等，2009）。下面再介绍两种常见的基于群体搜索的智能优化算法（群智能优化算法）——遗传算法和粒子群算法在 RCPSPs 求解方面的应用。

3. 遗传算法

1975 年，Holland 受到生物进化论的启发，提出了遗传算法（Genetic Algorithm，GA）。该算法模拟了自然界中生物的遗传进化规律。首先，优化问题的可行解通过编码机制转化成染色体（个体）。接着将问题的求解过程模拟成染色体的适者生存过程，即通过执行交叉、变异、选择算子操作不断地保留适应度更高的染色体。GA 的主要优点在于不受函数约束条件的限制，属于基于群体搜索的智能算法，减少了搜索过程陷入局部最优解的可能性。而 GA 的缺点是对于结构复杂的 RCPSP，搜索空间较大、搜索时间较长，往往会出现早熟（早收敛）的情况；对初始种群比较敏感，初始种群的选择常常直接影响解的质量和算法效率（张扬，2009）。Hartmann（1998）采用串行调度方案生成机制，提出基于活动列表编码方式的 GA 求解 RCPSP，通过数值实验与基于随机键的遗传算法以及基于有限规则表示法的遗传算法比较发现其性能更优。Kim 等（2003）提出了带有模糊控制机制的混合遗传算法，实验表明该算法加快了收敛速度。Valls 等（2005）设计了基于资源需求峰值的交叉算子的遗传算法，加入双对齐技术（Double Justification，DJ）、局部改进算子（Local Improvement Operator），大大提升了算法的搜索能力。Mendes 等（2009）设计了基于权重系数编码的遗传算法，编码前半部分表示权重系数，后半部分表示延迟时间，采用串行调度方案解码机制，并改进了适应度评估函数，取得了较好的搜索效果。近年来，在国内，于静等（2015）研究了新产品开发活动中带有重叠活动的 RCPSP，以最小化项目工期为目标并设计了改进的遗传算法进行求解。

庞南生和黄抒艺（2015）研究了计划中断后的应急调度问题，提出通过拆分中断的任务改变其执行模式来缩短工期，其中使用遗传算法来恢复中断的进度计划表。白礼彪等（2016）针对建设工程中的多项目调度问题构建了决策框架和数学模型，并在传统遗传算法的基础上对算法杂交和变异概率进行了优化。倪倩芸（2018）研究了多模式 RCPSP，并针对问题的特征对传统遗传算法的交叉、变异算子进行改进，设计提出了一种新的遗传算法——LPSGA，并将其运用到 MRCPSP 的实际案例中。

4. 粒子群算法

粒子群算法（Partical Swarm Optimization，PSO）是由 Eberhart 和 Kennedy 于 1965 年提出的一种模拟鸟群觅食的全局优化算法。PSO 的基本原理是：在一个包含多个粒子的种群中，每个粒子被看成解空间里一个具有速度和位置的点，而每个位置代表一个候选解，粒子根据自身以及同伴的飞行经验来不断地调整自己的速度和位置，寻找全局最优点。PSO 具有易于实现、快速收敛的特点，在 RCPSP 中取得了较好的应用效果。Tchomté 和 Gourgand（2009）将 PSO 应用于求解 RCPSP，采用活动列表编码方式和串行调度解码机制，并设计了一种新的粒子位移更新公式，实验结果表明改进的 PSO 性能比未改进的 PSO 效果更好。Chen（2011）设计了基于权重系数的 PSO，采用基于正向、逆向串行解码的双种群控制策略，引入对齐技术提高算法的搜索能力，引入修复技术针对对齐之后的粒子位置进行修正，实验表明算法可以有效缩短项目工期，保障求解质量。Koulinas 等（2014）提出的 PSO 采用了基于优先权系数的编码方案，算法采用串行调度方案生成机制，并引入对齐技术提高算法的局部搜索能力。Li 等（2018）等将 PSO 和似然鲁棒优化方法结合，采用基于权重系数的编码方式和串行调度方案生成机制，求解考虑资源成本不确定的项目调度与多尺度资源配置集成问题。在国内的相关研究中，王巍和赵国杰（2007）研究了 PSO 在求解以完工时间最小化为目标的 RCPSP 中的应用，采用基于优先权和基于排列两种编码方法对 RCPSP 进行了研究。苏义拉（2012）研究重复性项目调度的资源均衡问题，建立整数规划模型，并运用粒子群优化算法求解模型。何杰光等（2015）针对 RCPSP，提出了一种新的双种群准 PSO，包括重新定义位置更新公式，加入多样性信息等改进方法，并通过标准测试库 PSPLIB 和实际的装配案例验证了算法的有效性。马芳丽（2016）将经典的 RCPSP 延伸到工期和资源是模糊参数的 RCPSP（Fuzzy RCPSP，FRCPSP），并将一种基于混沌和差分进化的混合粒子群优化算法引入模型，以优化项目总工期。王海鑫等（2017）在 RCPSP 基础上拓展研究资源受限的多项目调度优化问题，在满足各项目工期要求的同时尽量缩短多项目加权总工期，并设计了一种具有动态惯性权重的自适应 PSO 对模型进行求解。

第二节　考虑空间资源约束的工程项目调度问题

对于工程项目而言，空间资源是十分重要的资源之一，这也是有别于其他类型项目的（Zhang 等，2007；Lucko 等，2014）。建设工程的目标是构筑一个新的、具有一定物理结构并占据一定物理空间的存在物，为了完成这一目标，人力、机械设备等资源需要按照一定的计划步骤在施工现场作业。由于施工现场的空间限制较大，且需要同时容纳许多资源，如施工人员、材料和设备等，工程进度安排需要结合活动的空间需求信息，否则容易产生空间冲突、拥堵等问题，进而引起效率低下、返工、安全隐患等后果，大大阻碍工程的进度、安全、质量等目标的实现（Roofigari-Esfahan 等，2015；Bragadin 和 Kahkonen，2015；张立茂等，2018）。因此，结合空间资源约束的特征来合理安排工程项目的调度计划对工程管理领域的研究和实践均具有较大的意义。目前，国内外关于考虑空间资源约束的工程项目调度问题的研究还较少，相关研究主要集中于以下三类方法。

一是基于数学规划的资源约束建模方法。空间资源是一类有限的可更新资源，可以视为一般性可更新资源的特例。由于 RCPSP 是指在满足项目活动的工序、资源供给量限制的前提下，安排每个活动执行时间以达到工期最短、成本最低、资源利用率最大等目标（Hartmann 和 Briskorn，2010；Ballesti 和 Blanco，2011）。因此，空间资源受限的工程项目调度问题是经典的 RCPSP 在建设工程管理场景下的具体化描述。然而目前，只有较少的学者将 RCPSP 与空间资源约束相结合。De Frene 等（2008）针对建筑工程领域，研究空间资源约束下的项目调度问题。为了描述执行活动中多种资源的空间利用情况，设计空间资源的请求活动（Call Activity）、中间活动（Interval Activity）、释放活动（Release Activity）三类活动，并提出基于串行调度方案生成机制的启发式算法解决问题。Semenov 等（2014）在一般性的 RCPSP 中考虑空间拥堵和作业流扰动的约束，以达到工程项目工期最短的目标，同时避免空间拥挤并保持作业流连续。此外，针对线性工程（公路、隧道等），Roofigari-Esfahan 和 Razavi（2016）结合空间和时间约束研究线性工程项目调度问题，提出了一种考虑不确定性的优化流程，以达到项目完工时间和空间干涉程度最小化的目标。

二是基于系统仿真的建模方法。许多学者从实践的角度，利用可视化仿真技术，如 3D/4D CAD、BIM 技术，在计算机虚拟平台上模拟施工人员和设备的行为以及作业过程，接着通过计算机模拟仿真实验发现空间干涉问题，进而对活动空间干涉进行识别和分类，并设计应对的流程和规则来解决空间干涉问题。Dawood 和 Mallasi（2006）提出一种被称为 PECASO 的决策支持系统来模拟工程施工过程并识别空间干涉。当模拟过程中发生空间干涉时，通过给定的规则改进项目调度计划以满足空间约束条件。Moon 等（2014）提出一种序列检查算法（Sequential Check Algorithm）检查出所有空间需求上重叠的并行活动，以免并行活动之间发生空间干涉。Choi 等

(2014)设计了一种作业空间规划的流程框架，包括生成4D BIM、识别作业空间、表征空间占用、识别空间干涉、解决空间干涉问题五个阶段；接着，提出解决空间干涉问题的策略，包括调整作业位置、调整调度方案和活动工序等。然而，作者并没有进一步介绍调整（如调整调度方案）的具体方法和步骤。Zhang等（2015）在BIM中融入遥感技术，利用GPS定位系统跟踪施工人员位置，基于BIM实时地判断其作业空间，进而识别潜在的空间干涉并及时采取防范措施。这类研究主要是在已知调度计划方案的前提之下，借助计算机模拟平台、可视化技术等手段来识别空间干涉，并通过规则或传统的调度方法（如CPM）局部地调整计划方案，以消除或解决空间干涉问题。然而，以上研究均未从全局角度对调度计划方案进行整体性的优化设计。

三是表征资源运动过程的数学建模方法。除了上述基于数学规划的方法和基于计算机仿真的方法，一些学者也尝试从资源的角度，通过刻画微观动作、运动轨迹，研究空间约束下的工程资源或项目调度问题（Yeoh和Chua，2012）。例如，Lucko等（2014）在笛卡儿坐标系中建立二维区域加时间维的三维数学模型来表征静态和方向性运动的活动。Isaac等（2017）采用时间—空间图描述员工的动态运动过程，将员工作业路径表示为奇异函数，建立模型对并行活动进行时间和空间资源的分配。这类研究针对工程施工过程中的具体机械设备的运行方位和动作轨迹（如吊臂升降移动）或者具体人员的运动轨迹等，从资源运行过程的方位、速度矢量等细节上进行建模，以防止机械冲突或者人员拥挤。这类方法的不足之处在于：资源的运动轨迹较为简单和单一，通常只能表征二维空间，方法难以表达复杂的运行过程；聚焦单体、单类资源视角而非基于项目全体活动的空间需求信息，从而难以获得全局性的项目调度优化方案。

第三节 BIM 技术在现场作业施工管理中的应用

随着世界各地的工程建设数量不断增加，规模不断扩大，对技术、精度的要求也越来越高，因此工程建设所需要的各类信息规模越来越庞大，传统通过纸质手写的方式已经不能满足建设的需求。随着信息技术水平的不断提高，为了解决传统建造管理方法的弊端，建筑信息模型（Building Information Modeling，BIM）技术应运而生。自 20 世纪 70 年代 Chuck Eastman 教授提出建筑信息模型设想后，国外关于 BIM 的研究从未间断。在 21 世纪初，随着相关应用软件的蓬勃发展，BIM 技术开始在国内外真正流行起来。现阶段，BIM 技术已经广泛应用在工程建设全寿命周期的各个阶段，基本实现了从决策、设计、施工到运维全过程的信息集成和管理。下面本书将对 BIM 的应用现状开展综述，其中着重介绍 BIM 在现场作业施工管理中的应用。

在决策阶段，最初由于 BIM 在设计及施工方面取得了巨大成果，西方学者开始探索将 BIM 应用到前期的策划阶段，斯坦福大学 CIFE 的 Martin Fischer 教授联合 CRGP（Collaboratory for Research on Globa Projects）于 2007 年在 BIM 的基础上提出了应用到前期策划阶段的 DSS CAD 模型；王广斌等（2010）对此模拟器的具体应用过程和方法进行分析介绍，证明了此模拟器可以有效地帮助进行项目前期决策，减少工程变更。近年来，随着技术的发展，学者们开始将 BIM 与其他手段结合，利用其可视化的特点，建立建筑的三维模型，对项目周围的场地环境进行模拟分析，提前对备选的不同方案进行比较分析，帮助决策者进行更好的选择。

BIM 技术不断发展，逐渐从 CAD 扩展到更多的领域，开始在施工现场方面广泛应用。早期 BIM 技术主要应用于施工前期的三维碰撞检查，施工设计人员利用BIM的可视化功能进行管线碰撞检测，将检查结果反馈给设计人员，从而解决碰撞点的问题，消除硬碰撞、软碰撞，更好地实现设计阶段与施工阶段的连接。随后，在三维模型的基础上，国外提出了BIM-4D的概念，其是通过将BIM-3D模型与时间信息相连，创建进度计划和3D模型的连接而形成的。由此，国内外学者陆续开始将BIM-4D应用于多个方面。在全过程施工模拟方面，斯坦福大学CIFE于2003年推出基于IFC的PM4D（Product Model and Fourth Dimension）系统，该系统可以实现4D可视化施工过程模拟，具有快速生成成本预算、全生命周期成本分析以及进度报告等功能；王雪青等（2012）通过对自动化创建的BIM实时施工模拟模型进行研究，认为此工具可以用来对项目施工全过程进行动态设计；吴清平等（2013）采取BIM技术对上海SOHO天山广场超大深基坑工程进行施工全过程模拟，结合Navis-Works软件生成施工过程的模拟动画，全方位地体现了整个虚拟施工工程，帮助施工人员发现可能出现的问题并做出相应的预防措施。

还有部分学者将研究聚焦于施工现场布局的空间、路径的规划。例如，刘占省等（2013）以预应力钢结构为例，基于建立的BIM模型实现对机械设备、库房、厂房以及人员生活区的合理布置，优化施工路线，从而保证施工的顺利进行；苏小超等（2014）针对城市地下空间的建设过程提出利用BIM技术来模拟、协调各专业施工，确定机械、人员的现场行经路线和活动范围，避免出现各专业施工混乱的现象；苏相岗和吴泓康（2016）提出利用Revit软件进行场地优化布置，通过建筑红线进行场地分区规划，以可视化的模式直观地展现三维的作业区域空间模型，帮助现场人员进行管理；王艳红（2021）提出了一个基于BIM技术创建动态站点布局模型的方法，将BIM模型和进度计划相结合自动创建动态布局模型，真实动态地反映施工现场的状况，便于对施工现场的出行路径进行布局规划；陈科良等（2022）将BIM技术与衍生式设计方法相结合，应用于施工现场的布局设计，有效地降低了搬运成本，提高了对现场的可视化管理水平。除此之外，在空间冲突方面，除了传统上进行管线的模拟碰撞识别，引入 BIM-4D 后，可以更加清晰地对施工作业现场的空间冲突进行识别解决。例如，Hyoun Seok 等（2014）基于 BIM-4D 技术开发了一种使用边界框模型和算法自动化生成工作空间的可视化系统，用以识别计划和工作空间的冲突，并针对一个桥梁项目进行案例研究，证明了该系统的可行性；Mirzaei 等（2018）开发了一种基于 BIM-4D 的动态冲突检测和量化系统用以识别时空冲突并量化其对项目绩效的影响，该方法可以更准确地执行冲突检测，并计算出更精确的冲突严重值。上述研究借助 BIM 的空间表达优势衡量空间需求、可视化表达或评估空间冲突，但在如何考虑空间冲突及其影响并全局性地制订调度预计划或适应性地调整计划等方面却未深入研究。

除了上述内容，BIM-4D 技术在施工现场作业方面的应用价值主要体现在进度管理方面，先对施工工序进行模拟，从而帮助决策者判断工序顺序的合理性，生成进度计划，在建造过程中通过对施工全过程的实时监控，和已有的进度计划进行对比，判断计划进度与实际进度的偏差，帮助管理人员及时进行修正。随着信息技术水平的不断提高，近年来，学者们在 BIM-4D 的基础上，提出了更适用于施工阶段的 BIM-5D。BIM-5D 以三维实体模型为载体，以 WBS 分解为核心，形成“三维 + 进度 + 成本”的新型建筑信息模型。5D 技术相较于 4D 技术、3D 技术来说，包含的信息更多，如信息模型、进度、人工、材料、机械等相关信息，从而可以更好地实现施工现场布置、施工现场信息管控以及优化，大大提升了施工信息的准确性，降低了工程生产成本，提高了工作效率；同时还可以应用于质量管理、安全管理等方面，在此不予赘述。

第四节 研究总结与评述

空间资源是工程施工过程中重要且稀缺的资源，工程项目调度不当容易引起活动的作业空间需求冲突，从而产生活动延迟、返工、安全威胁等问题，因此，工程管理者在设计工程项目调度计划阶段就应当充分考虑空间资源约束，制定合理的调度计划方案，规避空间资源冲突及其负面影响。目前，关于识别和解决空间资源冲突的研究中，大多数学者利用可视化模拟技术在计算机上模拟既定的调度方案的执行过程，在此过程中局部地识别出空间资源冲突，再通过调整调度方案来解决空间资源冲突。这类研究主要是在已知调度计划方案的前提之下，反应式地、局部地调整调度方案，但缺乏考虑空间干涉对进度的影响而对后续活动时间进行系统性的优化调整，如赶工策略的设计。尽管 BIM 技术在建设项目的全生命周期都有所应用，并且可以为施工阶段的进度管理、空间模拟、空间冲突调度优化等提供保障基础，但如何应对现场突发的空间干涉并及时优化调整后续调度方案，减少空间干涉对工程进度造成的负面影响，这方面研究还较少。

此外，目前的研究缺乏融合空间资源约束对预应式（前摄性）调度方案做全局性、整体性的计划。尽管少量研究从微观角度通过表征资源运动过程的数学建模方法解决空间干涉问题，但也难以得到宏观上、全局性的最优调度方案。考虑空间资源约束的全局性调度方案设计可以在一定程度上减少后续的方案变更，从而减少成本和时间代价。

经典的 RCPSP 是专门研究考虑一般性资源限制的项目调度优化的理论问题，时常被应用于工程领域，RCPSP 及其相关理论的研究也已经较为成熟和丰富。在 RCPSP 上，受限的资源并没有具体指代，而是将资源类型大致分为可更新资源（如人力资源）和不可更新资源（如原料等），并将两类受限资源的一般性特征体现在不同的约束式中，包括不可更新资源总量限制约束以及可更新资源在每个时段上的使用量限制约束。空间资源属于一类有限的可更新资源。然而，目前将 RCPSP 理论与空间资源约束相结合的研究还较少。

综上，本书基于 RCPSP 相关理论，结合工程中的空间资源相关知识，建立考虑空间资源约束的工程项目调度优化模型，从理论模型的角度研究空间干涉对工程项目调度的主要目标，如工期、成本、资源均衡等方面的影响，进而设计智能优化算法快速求解模型，得到避免空间干涉或减少空间干涉负面影响的预应式/反应式工程项目调度方案。本书不仅扩展了项目调度相关理论研究，也可以为工程管理者提供决策支持，具有一定的实践意义。

第三章

工程空间资源概论

第一节 工程空间资源的界定、特征与分类

资源是工程施工作业的物质支撑和有效保证，是工程进度计划顺利执行的关键要素（Faghihi 等，2014）。除了人力、设备、能源、材料等资源，工程空间资源也是工程施工过程中的重要资源，是工程活动执行的必要条件（Zhang 等，2007）。空间是运动着的物质的存在形式和固有属性。在工程施工过程中，工程活动所需的空间资源是指工程活动执行过程中对施工现场的二维或三维空间的占用。在工程实践中，工程活动所需空间的位置和大小通常是由活动本身的内容和工程计划所决定的（Choi 等，2014）。工程活动占用空间的形式通常有临时性占用与永久性占用两种。临时性占用是指活动在执行时段内占用有限空间，并在执行完成之后释放相应的空间；永久性占用是指在工程全生命周期内永久地占用该空间（Lucko 等，2014）。在工程施工过程中，工程空间资源作为一种重要且特殊的可更新资源，具有以下几方面的特征。

一是空间的不可消耗性。工程空间资源具有不可消耗的特征。不同于能源、原材料等资源被消耗而减少，工程空间资源不会减少，

而只会被占用，只是占用的时间有长短的差异。一旦占用物离开，该空间可以被重新利用。例如，临时的脚手架被拆除之后，其所占的空间可被重新利用。即便是上文提到的永久性占用也是一个相对概念，是工程全生命周期内的有限时间内。

二是空间的大小和位置基本属性。对于已经事先规划和设计好的建设工程，工程活动的空间需求不仅有大小属性，还有位置属性，不同的空间位置具有不同的意义。工程现场中不同位置上的任意两个空间，即使空间形状和大小完全相同，两空间仍是不同的。在工程项目中，当一些并行的工程活动需要占用同一空间，并且由于工程活动内容要求而使得作业空间位置无法改变的，就需要通过合理地安排活动执行时间，化解空间干涉和冲突。

三是空间的有限性。工程现场的可用空间是有限的。工程是一个占用有限空间的人造物理系统，施工活动所需空间通常被限制在工程实体的内部或附近，因此具有有限性。此外，由上可知，工程活动的空间需求具有位置属性，而每个位置坐标上的单位空间是唯一的，这种独特性会进一步加剧工程空间资源的有限性。

四是空间的独占性和共享性二重属性。工程空间资源根据任务的占用方式不同，具有独占性或共享性。若某活动作业时要求独占该空间，则该空间不可以再被其他活动占用，即空间具有独占性，例如工程构件（如墙体）所占物理空间；相反，若该空间可以被多个活动同时占用，即空间具有共享性。共享空间使得每个活动的实际使用空间被压缩，尽管在一定程度上能提高空间的利用率，但过度占用会造成拥挤或拥堵。

在工程实践中，工程活动执行过程通常涉及多种形式的空间资源需求。工程空间资源具体可划分为六类：工程构件空间（Building Component Space，BS）是指工程构件占据的空间，如墙、梁；人力空间（Labor Crew Space，LS）是指员工作业时需要的空间；设备空间（Equipment Space，ES）是指设备作业时需要的空间；危害空间（Hazard Space，HS）是指会对员工造成危险的空间，如吊顶作业下方空间；保护空间（Protected Space，PS）是指需要在特定时间内保护的空间，以防被破坏，例如，未干的水泥路面或者油漆未干的墙面周边区域；临时空间（Temporary Structure Space，TS）是指某些物理结构临时性占用的空间，如临时搭建的脚手架所占用的空间。

依据空间占用物的特性，上述六类工程空间资源可划分为实空间和虚空间两类。实空间是指空间占用物是实际的、具体的，例如设备、人员、工程物理构件等；虚空间是指空间占用物是虚拟的、抽象的，如危害空间、保护空间中的“危害”与“保护”等。

按占用物对空间的独占性/共享性，即直观上空间需求的可压缩性，实空间可进一步分为两种。一是刚性空间。刚性空间具有独占性特点，即占用物所占用的该部分空间不可压缩，不可与其他占用物共享，例如工程物理构件所占用的空间、大型设备所占用的空间。二是弹性空间。弹性空间具有共享性的特点，即占用物所占用的空间可以一定程度地压缩，可以在一定程度上被其他活动占用，例如人员或小型灵活型设备作业时所需空间。

综上，各类型工程空间资源可以用图 3 - 1 表示。

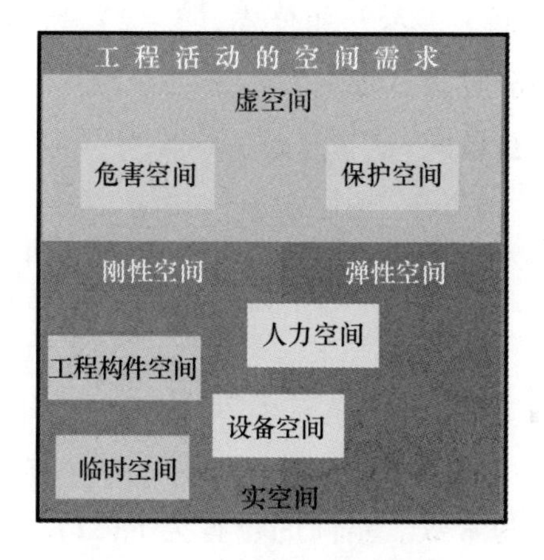

图 3 - 1　工程空间资源分类

第二节　工程空间资源数学化表示

空间具有位置和大小属性。任何一个占据空间的“物”都具有一定的长度、宽度和高度，并且它同周围的“物”也总是存在前后、左右和上下的关系。我们可以将任意一个连续凸空间 Ω 表示为三维空间直角坐标系 O-xyz 中的连续凸域，如公式（3－1）所示。其中，x，y，z 分别为横轴、纵轴以及竖轴上的位置变量，a 和 b 为常数，$f_*(x)$，$f_*(x, y)$ 分别表示关于变量 x 和变向量(x, y) 的连续函数。

$$\Omega(x, y, z) = \begin{cases} \mathrm{a} \leqslant x \leqslant \mathrm{b} \\ f_{y_1}(x) \leqslant y \leqslant f_{y_2}(x) \\ f_{z_1}(x, y) \leqslant z \leqslant f_{z_2}(x, y) \end{cases} \tag{3－1}$$

空间 Ω 有两个特征量，分别是位置 P 和体现大小的体积 V。空间的位置可以用空间表面或内部的一个点的坐标来表示，如顶点、质心等。这里用 x 轴上的最小值 a 及其对应的 y 轴和 z 轴上的最小值 $f_{y1}(\mathrm{a})$ 和 $f_{z_1}(\mathrm{a}, f_{y1}(\mathrm{a}))$ 表示，如公式（3－2）所示。那么空间 Ω 的体积可以用三重积分计算，如公式（3－3）所示。

$$P(\Omega) = (\mathrm{a}, f_{y1}(\mathrm{a}), f_{z_1}(\mathrm{a}, f_{y1}(\mathrm{a}))) \tag{3－2}$$

$$V(\Omega) = \iiint_{\Omega} \mathrm{d}V = \int_{\mathrm{a}}^{\mathrm{b}} \int_{f_{y1}(x)}^{f_{y_2}(x)} \int_{f_1(x, y)}^{f_{z_2}(x, y)} \mathrm{d}X\mathrm{d}Y\mathrm{d}Z \tag{3－3}$$

箱形空间（长方体）可以表示为 $\Omega = \begin{cases} \mathrm{a} \leqslant x \leqslant \mathrm{b} \\ \mathrm{c} \leqslant y \leqslant \mathrm{d} \\ \mathrm{e} \leqslant z \leqslant \mathrm{f} \end{cases}$，其中，a、b、c、d、e 以及 f 为常数。空间的位置为 $P(\Omega) = (\mathrm{a}, \mathrm{c}, \mathrm{e})$，即长方体的最小直角点的坐标；空间的体积为长×宽×高，即 $V(\Omega) = (\mathrm{b} - \mathrm{a}) \cdot (\mathrm{d} - \mathrm{c}) \cdot (\mathrm{f} - \mathrm{e})$。

为方便计算机处理，可以对连续空间 Ω 进行近似的离散化处理，表示为众多单位网格的集合，具体步骤如下。

第一步，三维空间网格化。空间坐标系中的三个坐标轴分别被均匀地划分为小段，构成各个维度上的线段集合 $\Delta X = \{1,\cdots,N^X\}$，$\Delta Y = \{1,\cdots,N^Y\}$，$\Delta Z = \{1,\cdots,N^Z\}$，单位长度分别记为 δ_x、δ_y、δ_z。整体空间被分割成大小相同的 $N^X \cdot N^Y \cdot N^Z$ 个细小网格空间。定义网格粒度为 $\Delta = (\delta_x,\delta_y,\delta_z)$，它直观地体现了网格的大小，网格体积为 $\delta_x \cdot \delta_y \cdot \delta_z$。

第二步，网格空间编号。由于每个网格空间的体积相同，网格由其位置特征量决定（同上述长方体的最小直角点）。按网格空间位置不同，给网格空间编号，设网格空间集合 $K = \{1,\cdots,N^X \cdot N^Y \cdot N^Z\}$，$k \in K$。若任意网格位置坐标为 (X,Y,Z)，对应编号 k 的计算式为公式（3－4）。

$$k = \left(\frac{X}{\delta_x} + 1\right) + \frac{Y}{\delta_y} \cdot N^x + \frac{Z}{\delta_z} \cdot N^x \cdot N^y \tag{3-4}$$

第三步，定义空间占用变量并赋值。假设空间占用变量 $o_k \in \{0,1\}$，$k \in K$。如果空间 Ω 占用网格 k，则 $o_k = 1$；否则，$o_k = 0$。连续空间 Ω 和 o_k 之间的关系为公式（3－5），离散化表示的空间是连续空间的近似。但随着网格不断细化（趋近于点），离散空间集合可逼近真实的连续空间，如公式（3－6）所示。

$$\Omega \approx \cup \{k \mid o_k = 1, k \in K\} \tag{3-5}$$

$$\Omega = \lim_{\Delta \to 0}(\cup \{k \mid o_k = 1, k \in K\}) \tag{3-6}$$

第三节　空间干涉的界定和分类

许多学者不仅认为空间是工程项目的一类重要资源，并且因为工程空间资源的有限性而将视其为影响工程项目顺利推进的重要因素（Thabet 和 Beliveau，1994；Winch 和 North，2006；Roofigari-Esfahan 和 Razavi，2016）。空间干涉（Space Interference）/作业空间干涉（Workspace Interference）是指在工程活动执行过程中，活动所需的空间被另一活动的资源（如人、设备等）占用，从而对自身活动执行产生一定的干扰和影响。空间干涉的产生要求两个或两个以上的活动在同一时间段内，具有相同的空间需求（Moon 等，2014）。因此，空间干涉的产生有两个必要条件：一是执行时间重叠；二是空间需求重叠。只有当两个必要条件同时具备时，空间干涉才会发生（Roofigari-Esfahan 和 Razavi，2016）。

Bragadin 和 Kahkonen（2015）根据空间需求类型以及引起后果的不同，将空间干涉分为“安全威胁”“物理冲突”“破坏冲突”和“拥堵”四种类型。我们根据第三章第一节介绍的空间需求分类，对这四类空间干涉进行以下描述。

安全威胁：危害空间与人力空间的干涉。当一个活动的危害空间（例如有物体掉落到下方）和另一个活动需要的人力空间产生干涉时，会对员工生命安全造成威胁。

物理冲突：刚性空间与实空间的干涉。若空间被某些实体占用且被要求独占，则该空间排斥其他任何实体的占用。例如，某工程构件和其他工程构件的冲突。

破坏冲突：保护空间与实空间/危害空间的干涉。保护空间可能被实空间中的实体或者危害空间的潜在危险破坏。例如，混凝土养护，油漆烘干。

拥堵：弹性空间之间的干涉。弹性空间具有共享性，但是相互干涉会产生拥堵。拥堵会造成人员或设备工作效率、工作质量下降，从而影响项目的整体进度和工程质量，甚至产生安全风险。按照其程度，拥堵又可分为严重的拥堵、轻微的拥堵等不同程度。

有一些空间干涉是不允许发生的，如安全威胁；而有些空间干涉是否允许发生难以客观评估，尤其是对拥堵程度的把控，往往工程管理实践者具有丰富的经验。按照空间干涉可接受与否的属性（是否允许空间干涉发生）可以将空间干涉分为两种：一是可接受的空间干涉（Acceptable Space Interference，ASI）：是指空间干涉发生时会产生较小的负面影响，如基本不会或稍微降低作业效率。因而管理者允许该类空间干涉的发生，但需控制空间干涉的程度。二是不可接受的空间干涉（Unacceptable Space Interference，USI）：是指一旦发生会产生十分严重的后果或巨大的风险，因而管理者不允许该类空间干涉发生，如安全威胁、物理冲突等。

下面通过一个工程实例来说明不同类型的空间干涉，因为后文还会涉及其他案例，不妨称此案例为工程案例1。工程案例1源于旧金山国际机场航站楼扩建工程。该建设工程项目由8个活动构成，各活动基本信息、活动网络图、建筑3－D图以及活动的空间需求如图3－2所示。从图3－2（d）可以看出，一些活动的工程空间资源需求相互重叠，例如活动1和活动2。若管理者为了压缩工期，安排活动并行而忽略施工现场的操作可行性，活动执行过程中就容易产

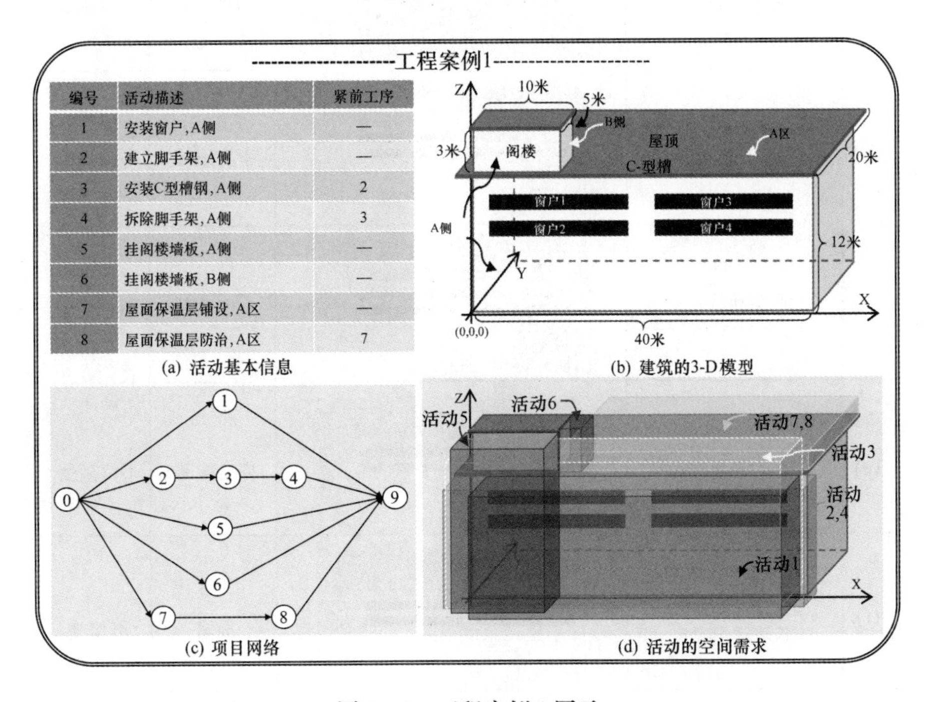

编号	活动描述	紧前工序
1	安装窗户，A侧	—
2	建立脚手架，A侧	—
3	安装C型槽钢，A侧	2
4	拆除脚手架，A侧	3
5	挂阁楼墙板，A侧	—
6	挂阁楼墙板，B侧	—
7	屋面保温层铺设，A区	—
8	屋面保温层防治，A区	7

图3－2　工程案例1图示

生空间干涉，进而造成不良的后果，如安全隐患、效率低下、质量问题等。

图 3 - 3 罗列出工程案例 1 中所涉及的所有空间干涉，主要包括三种类型。第一种类型是物理冲突，如图 3 - 3 中的（a）、（b）所示。窗户安装（活动 1）需要剪式升降机，该设备所需的空间与脚手架装卸和 C 型钢槽的安装（活动 2、活动 3、活动 4）产生物理冲突。第二类空间干涉是图 3 - 3（c）、（d）、（e）所示的安全威胁。

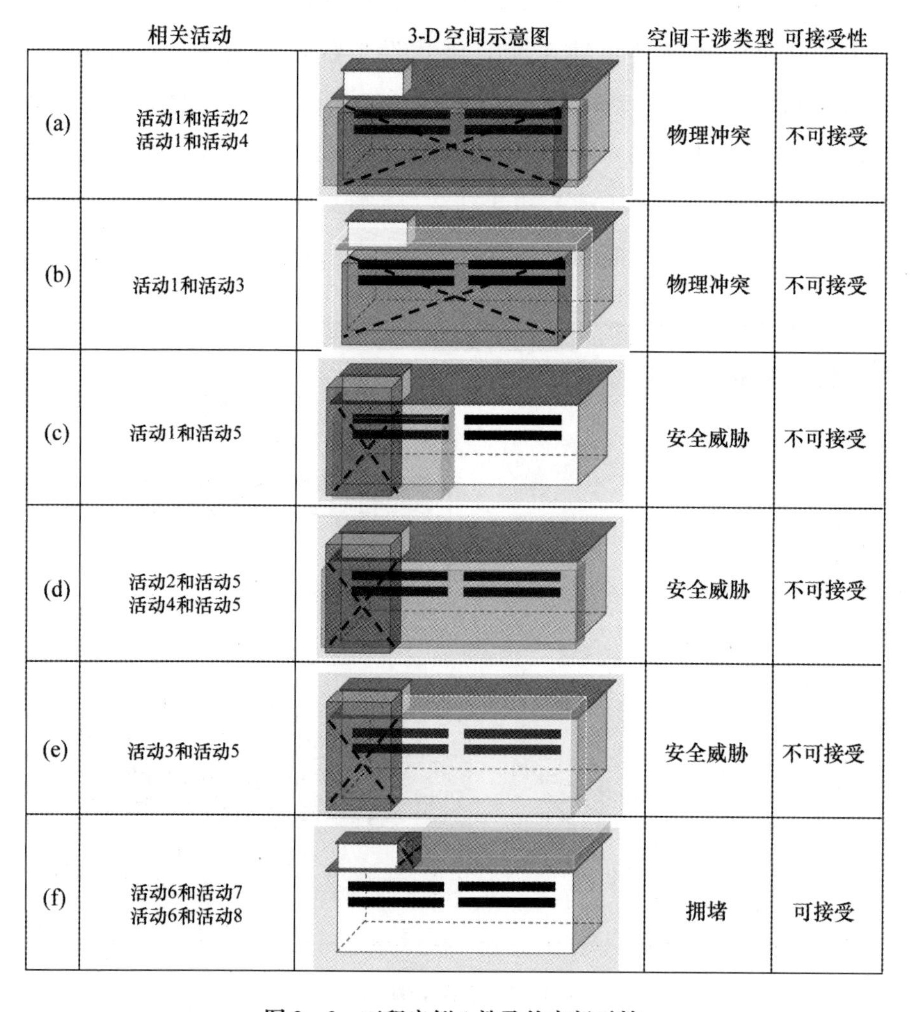

	相关活动	3-D空间示意图	空间干涉类型	可接受性
(a)	活动1和活动2 活动1和活动4		物理冲突	不可接受
(b)	活动1和活动3		物理冲突	不可接受
(c)	活动1和活动5		安全威胁	不可接受
(d)	活动2和活动5 活动4和活动5		安全威胁	不可接受
(e)	活动3和活动5		安全威胁	不可接受
(f)	活动6和活动7 活动6和活动8		拥堵	可接受

图 3 - 3　工程案例 1 涉及的空间干涉

由于A侧（活动5）安装墙板需要从顶部悬挂摆台以方便员工作业，对下方作业空间中的员工构成了安全威胁（活动1、活动2、活动3、活动4）。第三种类型是同时执行活动6和活动7（以及活动6和活动8）而产生的轻度拥堵，如图3－3（f）所示。这类空间干涉可能会导致较小的作业效率或质量损失风险。按照工作管理者的可接受性分类，前两种属于不可接受的空间干涉，需要避免发生；而后一种属于可接受的空间干涉，可以允许其发生，但需要将其不良影响控制在一定的范围内。

第四节　空间干涉的度量

空间干涉的度量是指量化计算空间干涉的程度，用于衡量空间干涉对活动作业的影响（Semenov等，2014）。假设任意活动i作业时需要的空间记为Ω_i，用函数$v(\Omega_i)$计算该空间的体积。活动i作业空间中的资源密度计算如公式（3－7）所示，表示为资源占用的空间与活动i的所需空间体积之比。

$$\rho_i = \frac{\sum_r R_{ir} \cdot v_r}{v(\Omega_i)}, \forall i \tag{3-7}$$

公式（3－7）中，符号v_r表示每单位资源类型r需要占用的空间体积。R_{ir}表示执行活动i所需资源类型r的数量。基于资源密度的定义，在任意t时间上的活动i受到的空间干涉可以定义为t时段内其他所有活动对活动i的空间干涉的加和，如公式（3－8）所示。

$$L_{it} = \sum_{i' \in N \setminus i} (\rho_{i'} \cdot v(\Omega_i \cap \Omega_{i'}) \cdot x_{it} \cdot x_{i't}), \forall i \tag{3-8}$$

对于任意两空间Ω_i和Ω_j，交集运算$\Omega_i \cap \Omega_j$计算两空间的重叠部分。x_{it}为0/1决策变量，当选择活动i在t时段执行时，$x_{it}=1$；否则，$x_{it}=0$。可以看出，对于任意两活动i和活动i'，若$v(\Omega_i \cap \Omega_{i'})=0$（空间不重叠）或者$x_{it} \cdot x_{i't}=0$（作业时间不重叠），

则空间干涉为0，满足空间干涉的定义。

调度方案中的活动i所受到的总的空间干涉程度表示为其执行期间每个单位时段上受到的空间干涉的加和，如公式（3-9）所示。

$$I_i = \sum_{t=s_i+1}^{s_i+D_i} L_{it}, \forall i \tag{3-9}$$

需要说明的是，在后续章节研究具体问题时，空间干涉的表达形式可能不同，这是由于具体问题的特征会改变其中一些参数和变量，如多执行模式选择。但是，空间干涉度量的基本思想和此处介绍是一致的。

为方便理解，这里举一个简单示例说明。如图3-4所示，假设项目由三个活动构成，只考虑人力资源一种类型的资源，即索引变量r取值始终为1。为简化表示，对以上公式中含有下标r的符号均舍去下标r。活动1、活动2和活动3的执行时间分别为时间段（0，6]、（4，9］以及（2，5]。三个活动所需的空间为三维箱型空间，空间位置和人力资源需求如图3-4所示。假设$v_r=7$表示每个人作业时所占用的空间体积。显然，活动1和活动2在时段（4，6］并行操作；活动2和活动3在时段（4，5］并行操作；活动1和活动3在时段（2，5］并行操作。则根据公式（3-7）计算每个活动的人力资源密度：

$$\rho_1 = \frac{4 \times 7}{450} \approx 0.062,\ \rho_2 = \frac{3 \times 7}{270} \approx 0.078,\ \rho_3 = \frac{3 \times 7}{180} \approx 0.167$$

根据公式（3-8），每个活动在各个时段的空间干涉程度如下：

$$L_{1t} = \begin{cases} 90\rho_3 = 15.03 & if\ 2 < t \leqslant 4 \\ 120\rho_2 + 90\rho_3 = 24.39 & if\ 4 < t \leqslant 5 \\ 120\rho_2 = 9.36 & if\ 5 < t \leqslant 6 \\ 0 & else \end{cases}$$

$$L_{2t} = \begin{cases} 120\rho_1 = 7.44 & if\ 4 < t \leqslant 6 \\ 0 & else \end{cases}$$

$$L_{3t} = \begin{cases} 90\rho_1 = 5.58 & if\ 2 < t \leqslant 5 \\ 0 & else \end{cases}$$

进一步，根据公式（3－9），每个活动的总体空间干涉程度如下：

$$I_1 = 15.03 \times 2 + 24.39 + 9.36 = 63.81$$

$$I_2 = 7.44 \times 2 = 14.88$$

$$I_3 = 5.58 \times 3 = 16.74$$

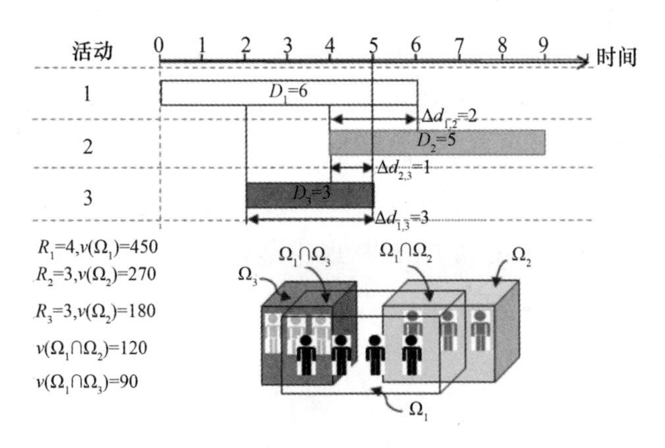

图 3－4　空间干涉度量的示例

以活动 1 为例，活动 1 的开始时刻为 0。在初始的（0，2］时段，没有与其他活动产生空间干涉，因为该时段只有活动 1 单个执行，并没有并行的其他活动。在（2，4］时段，活动 1 和活动 3 同时被执行，由于二者的空间需求有重叠，因此二者产生空间干涉。其中，活动 3 对活动 1 的空间干涉为 15.03；反过来，活动 1 对活动 3的空间干涉只有 5.58。显然，虽然活动 1 和活动 3 的作业空间相互干涉，但活动 3 对活动 1 的影响大于活动 1 对活动 3 的影响，这是因为活动 3 的资源密度更大，对公共空间的占用更大，$\rho_3 \approx 0.167$ 大于 $\rho_1 \approx 0.062$。在时段（4，5］，活动 1、活动 2 和活动 3 同时执行，活动 1 同时受到活动 2 和活动 3 作业的空间干涉。在时段（5，6］，活动 1 和活动 2 的作业空间相互干涉。时段 6 结束后活动 1 被完成，在这之后活动 1 的空间干涉始终为 0。

第五节　本章小结

空间作为一类重要的工程资源，已经被越来越多的工程实践者予以高度重视，并被视为工程项目调度或进度研究中的重要因素。本章的主要工作是基于当前工程空间资源的相关研究，对零散的工程空间资源知识进行梳理和总结，介绍工程中的空间资源需求类型、空间资源属性，提出空间资源的数学化表达方法，对工程中的空间干涉进行系统的分类，进而对空间干涉的程度进行度量。本章为后续将工程空间资源约束和 RCPSP 理论结合、构建各类模型以及设计算法奠定了良好的基础。

第四章

考虑多重空间资源约束的工程项目调度问题

本章在工程项目调度问题中考虑具体的四类空间干涉，分别是安全威胁、物理冲突、破坏冲突和拥堵（详细定义参见第三章第三节）。本节将安全威胁、物理冲突、破坏冲突统称为“空间冲突”。空间冲突一般表现为并行作业在物理空间上的不可行，或者可能造成较严重的后果，如具有破坏性、造成生命危险，因此要求在工程项目管理过程中尽可能避免其发生。而对于“拥堵”这类空间干涉，学界认为活动并行产生轻度拥堵在一定程度上可以提高空间的利用率，提高工程活动的并行性从而加快项目进程，但过度的拥堵会对活动完成质量、资源作业效率产生负面影响，甚至造成项目进程减缓或返工。本章在假设其他资源供给充足的前提下，研究如何制订项目调度计划从而避免安全威胁、物理冲突、破坏冲突三类空间冲突的发生，考虑拥堵程度对活动质量的影响，通过设置质量约束将拥堵程度控制在一定范围内。建立一般性的考虑多重空间资源约束的工程项目调度优化模型，进而设计结合禁忌搜索策略的SA求解问题。最后通过第三章介绍的工程案例1和随机生成算例的实验分析验证方法的有效性。

第一节 问题描述与模型构建

考虑多重空间资源约束的工程项目调度问题是在已知活动间工序关系、活动持续时间以及每个活动的各类空间需求的条件下，合理安排各个活动的执行时间，使其满足活动工序条件的同时，有效避免安全威胁、物理冲突、破坏冲突的发生，并将拥堵程度对活动质量的影响控制在一定范围内，最终使项目完工时间最短。模型的建立基于以下四个前提假设：一是假设活动的各类空间需求已知，空间需求不随时间而改变；二是假设活动所需的其他资源供应充足；三是假设杜绝安全威胁、物理冲突、破坏冲突的发生，发生拥堵在一定程度上是被允许的；四是假设活动质量与拥堵程度呈线性负相关，即活动质量随着拥堵程度增加而线性下降。值得说明的是，本书建立的模型及算法并不局限于线性的质量函数，也可以采用其他函数形式，如二次、指数曲线等。

项目用 AON 网络表示，记为 $G = \{N,A\}$ ，其中节点集合 $N = \{0,1,\cdots,n,n+1\}$ 表示项目活动，0 和 $n+1$ 分别为虚拟的开始和结束活动。集合 $\{a_{ij}\},i,j \in N$ 表示活动之间的工序关系。若 i 是 j 的紧前活动，则 $a_{ij} = 1$ ；否则 $a_{ij} = 0$ 。工程项目计划期 $[0,T]$ 离散化为时间段集合 $T = \{1,\cdots,|T|\}$ 。建立工程现场空间的三维坐标系，活动的各类空间均定义在该坐标系下，空间定义参见第三章。其他已知参数和变量符号定义见表 4-1。

表 4-1 参数与变量符号定义

符号		定义
已知参数	d_i	活动 i 的工期
	Ω_i^S	执行活动 i 需要的实空间

续表

符号		定义
已知参数	Ω_i^G	执行活动 i 需要的刚性空间
	Ω_i^T	执行活动 i 需要的弹性空间
	Ω_i^W	执行活动 i 产生的危害空间
	Ω_i^R	执行活动 i 需要的人力空间
	Ω_i^B	执行活动 i 需要的保护空间
	w_{ij}	活动 i 的弹性空间对被活动 j 的弹性空间占用的敏感性
	Q_i	可接受的活动 i 质量下限，$Q_i \in [0,1]$
	λ_i^Q	活动 i 的质量对空间拥堵的敏感性
变量	$s_i \geqslant 0$	开始作业活动 i 的时间
	$\Gamma_t \subset N$	t 时间段上正在作业的活动集合
	$\Lambda_i \subset T$	活动 i 正在作业的时间集合
	$I_i \in [0,1]$	活动 i 完成的拥堵因子
	$q_i \in [0,1]$	活动 i 完成的质量因子
	f^T	项目完工时间

基于以上符号定义，建立以下考虑多重空间干涉的工程项目调度优化的一般数学模型［M4－1］。

［M4－1］：

$$\min \quad f^T = s_{n+1} \tag{4-1}$$

s. t.

$$a_{ij} \cdot (s_j - d_j - s_i) \geqslant 0, \forall i,j \in N \tag{4-2}$$

$$v(\Omega_i^W \cap \Omega_j^R) + v(\Omega_i^G \cap \Omega_j^S) + v(\Omega_i^B \cap (\Omega_j^S \cup \Omega_j^W)) = 0, \forall i,j \in \Gamma_t, t \in T \tag{4-3}$$

$$I_i^s = \frac{\sum_{t \in \Lambda_i} \sum_{j \in \Gamma_t} w_{ij} \cdot v(\Omega_i^T \cap \Omega_j^T)}{d_i \cdot v(\Omega_i^T)}, \forall i \in N \tag{4-4}$$

$$q_i = 1 - \lambda_i^Q \cdot I_i, \forall i \in N \tag{4-5}$$

$$q_i \geqslant Q_i, \forall i \in N \tag{4-6}$$

$$s_i \geqslant 0, \forall i \in N \tag{4-7}$$

其中，目标式（4－1）表示最小化项目完工时间f^T，即虚拟结束节点的开始时间。约束（4－2）表示项目活动工序约束，活动的开始时间应不早于其紧前活动的结束时间。约束（4－3）避免安全威胁、物理冲突和破坏冲突三类空间冲突中的任何一种发生，表示在任意时间段t并行作业的活动关于三种空间冲突的空间需求都不允许重叠（重叠空间体积之和为0）。其中的三重积分计算空间的体积，空间重叠用交集运算符∩表示。例如，$v(\Omega_i^W \cap \Omega_j^R)$计算活动$i$的危害空间和活动$j$的人力空间重叠的空间体积。约束（4－4）计算执行活动i的拥堵因子，表示在活动执行期内，活动i的总体弹性空间平均被其他活动占用总空间的百分比。其中，$\sum_{t \in \Lambda_i} \sum_{j \in \Gamma_t} w_{ij} \cdot v(\Omega_i^T \cap \Omega_j^T)$根据活动$i$对其他不同活动弹性空间占用的敏感性$w_{ij}$，计算与活动$i$并行的其他活动占用空间体积的加权和。弹性空间被其他活动占用得越多，拥堵因子I_i越大。进一步地，公式（4－5）计算质量因子q_i表示为拥堵因子的线性递减函数。约束（4－6）限制活动质量因子不得低于质量下限Q_i。约束（4－7）定义决策变量的取值范围。

第二节　禁忌模拟退火算法

SA在求解许多NP-hard优化问题，尤其是求解项目调度问题方面具有操作简单和快速收敛的特点（Bouleimen 和 Lecocq，2003；Mika 等，2005）。本书第二章对SA做了介绍，此处不予赘述。下面定义SA的相关参数：起始温度为T_{MAX}；终止温度为T_{MIN}；衰减因子为α；邻域生成的最大迭代数为S_{MAX}。为避免算法搜索陷入局部极值，提高收敛速度，本书将禁忌表引入传统的模拟退火优化算法中，设计禁忌模拟退火算法（Tabu Simulated Annealing，TSA）。TSA流程如图4－1所示。下面具体介绍初始解生成、调度方案生成机制和邻域生成机制。

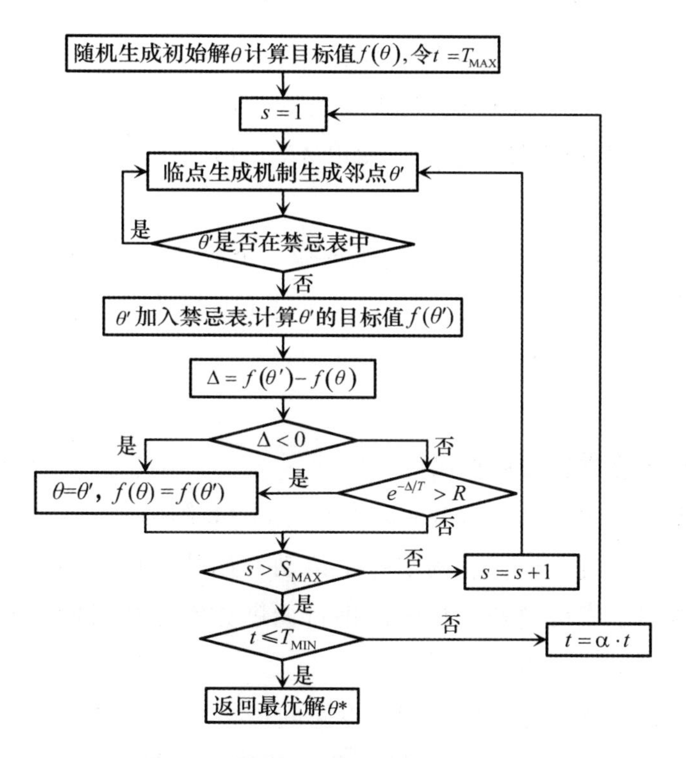

图 4－1　TSA 的流程

一　初始解生成

采用活动列表编码方式，即满足工序条件的一个活动编号的排列（Activity List，AL）。所谓满足工序约束是指对于任意活动 i，若其在活动编号排列 AL 中的位置记为 p（i），则活动 i 的所有前序活动的位置均在 p（i）之前，活动 i 的所有后序活动位置均在 p（i）之后。显然，活动 1 和活动 N 始终分别保持在 AL 的第一个和最后一个位置。按以下三个步骤随机生成满足工序约束的活动编号排列。具体而言，首先将虚拟开始活动排列在第一个位置，并赋值已完成排列的活动集合 E 与可进行排列的候选活动集合 C；然后，从 C 中随机选择一个活动 i^* 安排在 AL 的下一个位置，进而更新集合 E 与

C，直至所有活动均排列完成。

Step 1：初始化：令 $l=1$，$a_1=0$，$E=\{0\}$，$C=\{i \mid A_{0i}=1, i \in N \setminus E\}$。转到 Step 2。

Step 2：判断 $l=n+1$ 是否成立。

若成立算法终止，输出 $AL=(a_1, a_2, \cdots, a_n, a_{n+1})$；

否则，转到 Step 3。

Step 3：$l=l+1$，在 C 中随机选择一个活动 i^*，$i^* \in C$。令 $a_l = i^*$，$E=E \cup \{i^*\}$，$C=C \cup \{j \mid A_{ij}=0, i \in N \setminus E\} \setminus i^*$。转到 Step 2。

二 调度方案生成机制

调度方案生成机制指将活动编号排列 AL 解码成一个满足时间和空间约束的调度方案，即确定每个活动开始执行的时间。本节设计的调度方案生成机制是在传统的串行调度方案生成机制基础上融合了多重空间干涉的约束条件。

首先，为方便计算机处理，将空间网格化（离散化）并设网格粒度为 $\Delta=(\delta_x, \delta_y, \delta_z)$。工程现场的整体空间被划分成 K 个网格，每个网格空间大小相同，体积为 $\delta_x \cdot \delta_y \cdot \delta_z$。基于网格化空间，重新定义已知参数和变量。定义 0/1 参数 $s_{i,k}^S, s_{i,k}^G, s_{i,k}^T, s_{i,k}^W, s_{i,k}^R, s_{i,k}^B$，$\forall i \in N, k \in K$ 表示活动 i 的空间占用情况。$s_{i,k}^h=1$ 表示活动 i 的第 h 类空间需求包含网格 k，$h \in \{S, G, T, R, W, B\}$；反之为 0。定义 0/1 变量 $o_{k,t}^h$，$\forall k \in K, t \in T$ 表示在 t 时间段的网格空间 k 的占用情况。$o_{k,t}^h=1$ 表示空间网格 k 在第 t 时段被 h 类需求空间占用；反之为 0。网格化后，空间体积的计算表示为占用的网格体积和，或者是占用网格总数乘以单位网格体积。

基于网格化的空间表示，调度方案生成机制算法伪代码如图 4－2所示。调度方案生成机制根据 AL 中的活动顺序依次安排每个活动的开始时间，活动开始时间是满足各约束条件的最早开始时

```
Initialization: t_0^S = 0; q_i = Temp_Q_i = 1, ∀i;
                o_{k,t}^S = o_{k,t}^G = o_{k,t}^T = o_{k,t}^W = o_{k,t}^R = o_{k,t}^B = 0, ∀k,t
For l = 1:1:n Do
    i = a_l;
    t_i^E = max{ t_j^S + D_j | j ∈ P_i };
    t = t_i^E;
    While t ≤ |T| Do
        If { Σ_k(o_{k,τ}^G + s_{i,k}^S) > 1 or Σ_k(o_{k,τ}^W + s_{i,k}^R) > 1 or Σ_k(o_{k,τ}^B + (s_{i,k}^W + s_{i,k}^S)) > 1 or
             Σ_k(o_{k,τ}^S + s_{i,k}^G) > 1 or Σ_k(o_{k,τ}^R + s_{i,k}^W) > 1 or Σ_k((o_{k,τ}^W + o_{k,τ}^S) + s_{i,k}^B) > 1,
             ∀τ ∈ {t, t+1, ⋯, t+d_i−1} }                                                   (4-8)
            t = t + 1;
            Continue
        Else
            For l' = 1:1:l−1 Do
                i' = a_{l'};
                Temp_Q_{i'} = Temp_Q_{i'} − λ_{i'}^Q · (w_{i'i} · Σ_t Σ_k s_{ik}^T · s_{i'k}^T) / (d_{i'} · Σ_k s_{i',k}^T) s_{i,k}^T;     (4-9)

                Temp_Q_i = Temp_Q_i − λ_i^Q · (w_{ii'} · Σ_t Σ_k s_{ik}^T · s_{i'k}^T) / (d_i · Σ_k s_{i,k}^T) s_{i,k}^T;          (4-10)
            End
            If Temp_Q_{i''} > Q_{i''}, i'' = a_{l''}, ∀l'' ∈ {1, ⋯, l}
                t_{i*}^S = t;
                q_i = Temp_Q_i = 1;
                o_{k,τ}^h = o_{k,τ}^h + s_{i,k}^h, h ∈ {S,G,T,W,R,B},
                ∀k ∈ K, τ ∈ {t_i^S + 1, ⋯, t_i^S + d_i}
            Else
                t = t + 1;
                Continue
            End
        End
    End
End
```

图 4-2　调度方案生成机制伪代码

间，包括工序约束、空间冲突约束、质量约束。具体地，针对任意活动 i，工序约束要求活动 i 的最早开始时间应不早于其紧前活动的最晚结束时间，活动 i 的最早开始时间表示为 $t_i^E = \max\{t_j^s + D_j \mid a_{ji} = 1\}$。初始化令活动 i 的开始时间为 t_i^E，接着进行循环操作，判断空间冲突约束和质量约束是否都满足。若约束满足，则当前时间是活动 i 的开始时间；否则，令活动 i 的开始时间向后延迟一单位时间，继续判断约束条件是否满足。依次循环下去，直至找到满足所有约束的开始时间，则停止循环并输出最早可开始时间。针对空间冲突约束，图4－2中的不等式组（4－8）计算各类空间重叠的体积，进而判断是否存在安全威胁、物理冲突、破坏冲突。其中，"or"条件表示当不等式组中任意一个公式成立，空间冲突都会发生。针对质量约束，公式（4－9）和公式（4－10）计算当前活动与已安排的活动之间在拥堵型空间干涉作用下的质量因子。若质量因子大于下限，说明拥堵在可接受范围内，并分配当前时间为活动的开始时间；否则便不可接受，需将活动开始时间延迟一单位时间，继续上述判断，直至质量约束满足。由于有限的时间延迟操作能减少或避免活动时间重叠，从而减少或避免空间干涉，因此调度方案生成机制可以在有限次迭代中产生满足空间干涉约束的调度方案。当所有活动的开始时间确定，调度方案生成机制算法结束并输出一个满足所有约束的工程项目调度方案。

三　邻域生成机制

邻域生成机制是基于当前解生成一个新解。采用顺序轮换算子（Cyclical Shift Operator），在当前活动编号排列 AL 的基础上随机生成新的活动编号排列 AL' 。顺序轮换算子的核心思想是随机选择一个活动 i^* ，在该活动的最晚紧前活动和最早紧后活动之间任意选择一个位置 v，对活动 i^* 所在位置和位置 v 之间的所有活动的位置进行轮换操作。顺序轮换算子可以保证随机生成的活动编号排列 AL' 始终满足工序约束，具体算法步骤如下。

Step 1：初始化：当前活动排列 $AL = (a_1, a_2, \cdots, a_n)$ ，令新的活动排列 $AL' = (a_1', a_2', \cdots, a_n') = AL$ 。转到 Step 2。

Step 2：随机选择当前解 AL 的一个位置 l^* ，不妨设 $a_{l^*} = i^*$ 。转到 Step 3。

Step 3：i^* 的紧前活动和紧后集合分别记为 Pro_{i^*} 和 Suc_{i^*} 。随机选择位置 v 满足 $\max\{p(i) \mid i \in Pro_{i^*}\} < v < \min\{p(i) \mid$

$i \in Suc_{i^*}\}$ 。转到 Step 4。

Step 4：若 $l^* < v$ ，$\forall l^* \leqslant l < v$ ，$a_l' = a_{l+1}$ ；否则，$\forall v \leqslant l < l^*$ ，$a_l' = a_{l-1}$ 。

令 $a_v' = i^*$ 。返回新的 AL' ，算法终止。

第三节　案例与计算实验分析

实验的算例选择和实验目的包括三个：一是通过实际案例进行算法有效性分析；二是通过 50 规模虚拟算例研究质量因子的影响；三是通过不同规模虚拟算例组研究问题规模的影响。

一　工程案例实验分析

以第三章介绍的工程案例 1 为例。为适当提高问题的复杂性，将案例中的活动 1 进一步分解成两个子活动，因而工程项目由 9 个活动构成，各活动名称、紧前工序和活动工期信息见表 4－2。根据表 4－2，加上虚拟开始节点 0 和结束节点 10，项目的 AON 项目网络如图 4－3 所示。设置网格粒度为 $\Delta = (0.5, 0.5, 0.5)$ ，各个活动的空间需求可视化表示为图 4－4。例如，活动 3、活动 4、活动 5 搭建的脚手架需要临时空间的最小顶点位置为（0，－3.5，0），最大顶点位置为（40，－1.5，9），空间体积为 $720m^3$。其他案例参数与 TSA 算法参数见表 4－3，其中，参数 L^{Tabu} 表示禁忌长度，$\lfloor\sqrt{|N|}\rfloor$ 中的 $\lfloor\ \rfloor$ 函数表示向下取整。

表 4－2　活动信息

活动编号	活动描述	紧前活动	工期（天）
1	安装窗户 1、窗户 2，A 侧	—	5
2	安装窗户 3、窗户 4，A 侧	—	5

续表

活动编号	活动描述	紧前活动	工期（天）
3	建立脚手架，A 侧	—	3
4	安装 C 型槽钢，A 侧	3	2
5	拆除脚手架，A 侧	4	1
6	挂阁楼墙板，A 侧	—	4
7	挂阁楼墙板，B 侧	—	4
8	屋面保温层铺设，A 区	—	6
9	屋面保温层防治，A 区	8	6

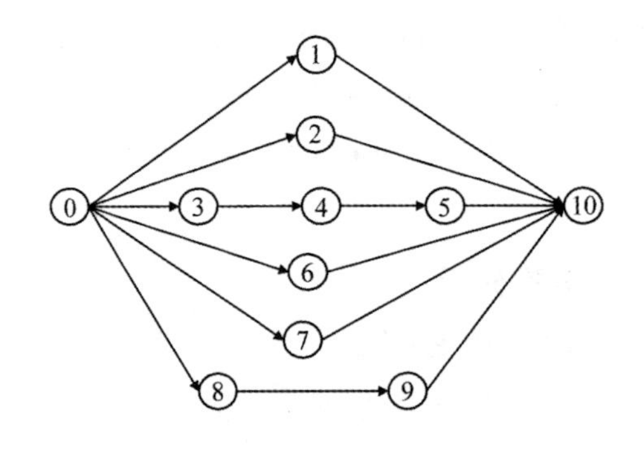

图 4－3　AON 项目网络

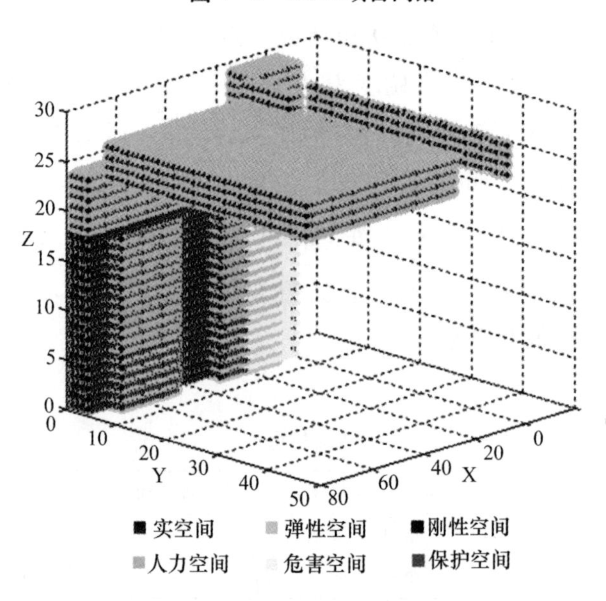

图 4－4　三维空间需求

表 4－3　　参数设置

序号	参数	序号	参数
1	$Q_i = 0.92$	5	$T_{MIN} = 20$
2	$w_{ij} = 1$	6	$\alpha = 0.9$
3	$\lambda_i^Q = 0.1$	7	$S_{MAX} = 10$
4	$T_{MAX} = 100$	8	$L^{Tabu} = \lfloor\sqrt{\lvert N\rvert}\rfloor = 3$

执行 TSA 求解算例并得到最优调度方案的总工期为 15 天。最优调度方案如图 4－5 所示。可以看出，该调度方案避免了活动 6 产生的安全威胁以及活动 3、活动 4、活动 5 与其他活动可能发生的物理冲突。活动 7 和活动 8 的弹性空间在时间段（2，4］相互干涉，但只产生了轻微拥堵。质量因子分别是 0.9833 和 0.9997，均大于 0.98 的下限，拥堵对活动质量的影响被控制在小于 0.02 的范围内。该方案不仅满足活动工序约束，还避免了空间冲突的发生，并把拥堵控制在可接受的范围内。

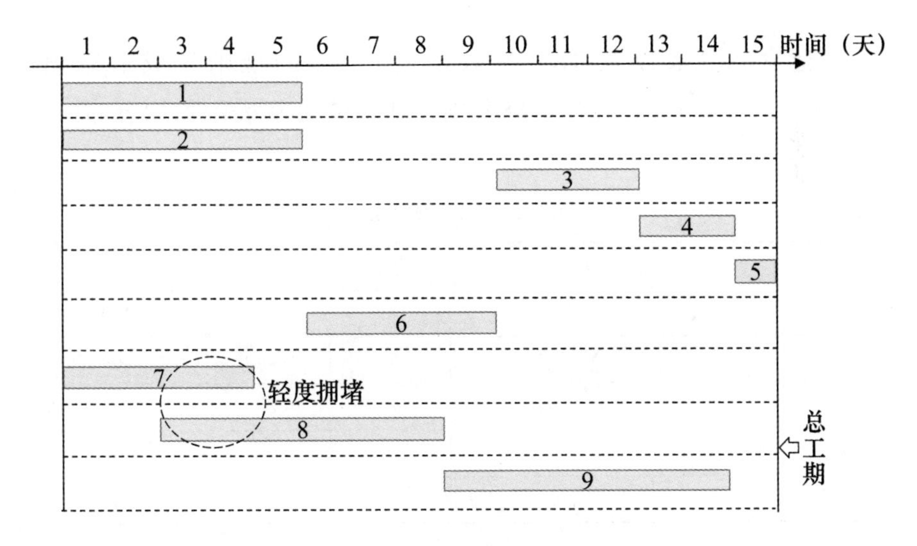

图 4－5　最优调度方案甘特图

二　随机算例实验分析

随机生成一个具有50个活动规模的项目网络以及每个活动的各类空间需求，设置网格粒度 $\Delta=(1,1,1)$，如图4-6所示。

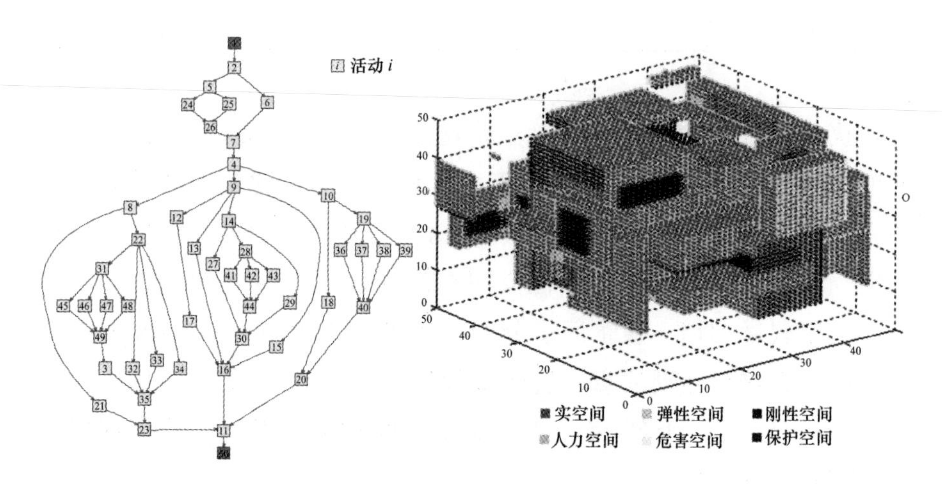

图4-6　50规模项目网络和空间需求

其他案例参数以及TSA参数按表4-4的规则生成或赋值。表4-4中，参数 d_i, w_{ij}, λ_i^Q 随机生成，其中函数U表示均匀分布。

表4-4　参数设置及生成规则

序号	参数	生成规则	序号	参数	生成规则
1	d_i	U［1，6］	6	T_{MAX}	100
2	N^T	$\sum d_i+20$	7	T_{MIN}	20
3	Q_i	0.95	8	α	0.9
4	w_{ij}	U［1，5］	9	S_{MAX}	10
5	λ_i^Q	U［0，1］	10	L^{Tabu}	$\lfloor\sqrt{\lvert N\rvert}\rfloor$

执行TSA并得到最优调度方案的总工期为76。每个活动开始时

间为 t_i^S = （0，0，76，20，3，3，18，23，23，23，71，32，27，27，33，68，47，30，28，43，26，26，66，7，7，13，54，32，32，63，31，31，34，39，62，30，30，35，30，38，37，43，37，58，35，44，40，50，54，60）。该调度方案能够避免安全威胁、物理冲突、破坏冲突三类空间冲突，并把弹性空间干涉造成的拥堵对活动质量的影响控制在特定范围内（0.05）。

下面分析活动质量下限约束对最优解的影响。保持其他参数不变，设置不同参数 Q_i 值，每组参数做 3 次实验，取 3 次实验中的最优结果，见表 4－5。可以看出，随着质量因子下限的不断降低，最优调度方案的总工期逐渐缩短（从 79 逐渐缩短至 66）。这是因为可接受的最低活动质量标准降低，允许活动空间的拥挤程度变大，并行活动时间重叠增加。但是，总工期对质量因子的灵敏度不同。例如，在［0.8，1］区间内，Q_i 每降低 0.1，总工期减少 3—4 个时间单位；在［0.1，0.7］区间内，Q_i 每降低 0.1，总工期只减少 1 个时间单位。总工期的压缩幅度随 Q_i 下降呈现逐渐减缓的趋势。此外，随着质量因子下降，算法耗时也逐渐减少。这是因为 Q_i 越低，质量约束越容易满足，解码机制中的时间顺延操作次数减少，从而解码速度提高。

表 4－5　　不同质量下限约束下的结果参数

Q_i	总工期	平均质量因子	最低质量因子	耗时（s）
1.00	79	1	1	747.4
0.90	75	0.9753	0.9028	722.6
0.80	72	0.9605	0.8144	611.4
0.70	70	0.9223	0.7006	606.8
0.60	69	0.9142	0.6049	601.9
0.50	68	0.9055	0.5018	584.9
0.40	68	0.8869	0.4300	583.5

续表

Q_i	总工期	平均质量因子	最低质量因子	耗时（s）
0.30	67	0.8700	0.3294	580.5
0.20	66	0.8575	0.2115	571.1
0.10	66	0.8564	0.1611	590.7

三　不同规模算例对比实验分析

随机生成5组算例，每组5个项目网络和参数，一共25个算例。这5组算例的规模分别为10、20、30、40、50。不妨将算例命名为 *Js_n*，其中 *s* 表示规模，*n* 表示第几个算例。例如，*J*30_2 表示规模30的第2个算例。其他已知参数随机生成的规则为：$d_i = U[1,6]$，$w_{ij} = U[1,5]$，$\lambda_i^Q = U[0,1]$。TSA 的参数见表4－3，令 $Q_i = 0.95$。

利用本书提出的方法（考虑空间干涉）与传统调度方法（不考虑空间干涉）进行对比分析，图4－7分别比较了不同算例规模下的平均总工期和平均质量。可以看出本书提出的方法明显降低了空间干涉程度，而且并不以工期目标损失为代价。事实上，两种方法的总工期几乎相同，对于除算例 *J*40_4 以外的所有算例，两种方法得到的最优总工期均相同。而对于算例 *J*40_4，不考虑空间干涉的最优总工期为38天，考虑空间干涉的最优总工期为39天，也仅仅只延长了一个单位时间。但本书提出的 TSA 得到最优解的平均质量更高，说明其调度方案的拥堵程度更低。图4－8展示了传统调度方法的各类空间冲突和总空间冲突水平。这里空间冲突水平用项目执行期内的冲突空间体积总和/总工期来度量。可以看出，传统调度方法的调度方案容易发生空间冲突，且随着算例规模的增大，空间冲突水平呈递增的趋势。而本书提出的方法可以有效避免空间冲突，三类空间冲突水平均为0。

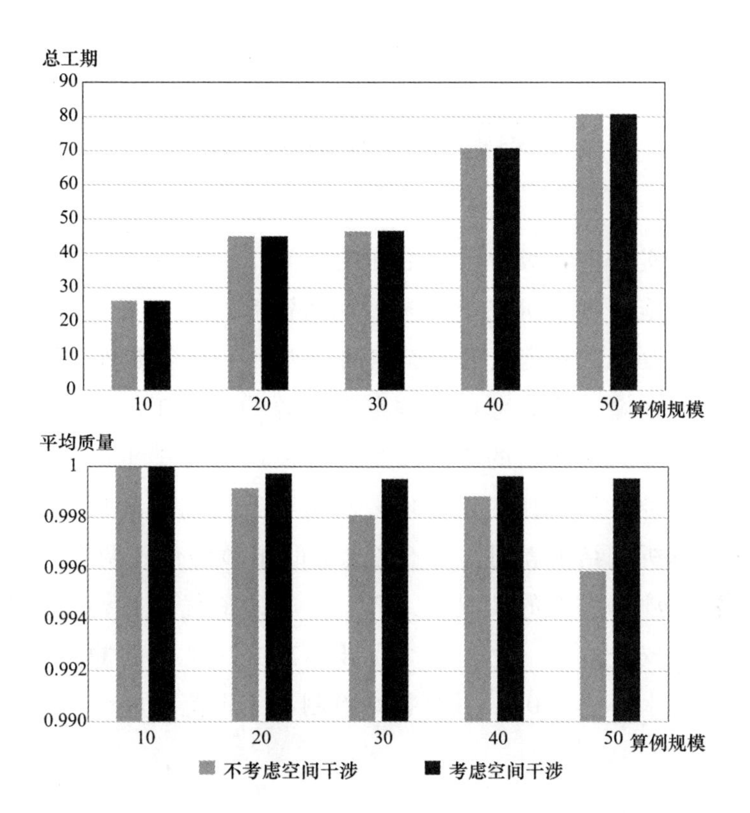

图 4－7　不考虑空间干涉与考虑空间干涉的结果对比

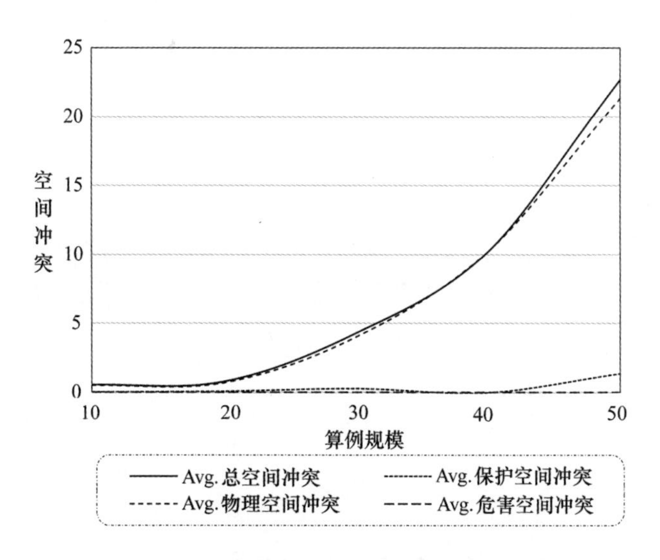

图 4－8　不考虑空间干涉时的各类空间冲突

第四节　本章小结

在工程实践中，减少活动之间的空间干涉是保障工程进度和质量的重要措施。本章研究带有多重空间资源约束的工程项目调度优化问题，根据第三章定义的四类空间干涉——安全威胁、物理冲突、破坏冲突和拥堵，建立考虑多重空间资源约束的工程项目调度数学模型，设计应对该问题的TSA，尤其是在调度方案生成机制的设计里融入了四种空间干涉约束条件。对工程案例以及随机生成的算例进行实验分析。结果表明，与不考虑空间干涉的传统调度方法相比，在保障同等项目工期的情况下，TSA生成的最优项目调度方案还能有效地避免安全威胁、物理冲突、破坏冲突三类空间冲突发生（三类空间冲突水平均为0），并将拥堵控制在一定范围内。

第五章

空间干涉影响下工期可变的工程项目调度问题

传统的项目调度问题通常假设资源作业效率恒定，活动持续时间为常量。然而在现实的工程施工过程中，活动间的空间干涉会在一定程度上降低活动作业效率，从而导致活动持续时间延长（Akinci 等，2002；熊鹰等，2007）。本章在工程项目调度优化问题中考虑这一现实情况，根据第三章介绍的空间干涉度量方法，提出作业效率关于空间干涉程度的数学函数，同时以完工时间和成本最小化为目标，建立考虑空间干涉影响下工期可变的工程项目调度优化的一般模型。与传统项目调度问题不同，本章研究的问题中活动的作业效率受空间干涉的动态影响，是随时间而变化的函数。活动的工期也并非固定的已知常量，而是需要根据活动作业效率函数计算得到。为求解该问题，采用国际上较新提出的人工藻群算法，并在其中针对本问题特征设计了相对延迟的编码方式和相应的解码机制。通过一个现实背景下的工程案例，探索不同目标权重和效率函数对结果的影响，并验证算法的有效性。

第一节 问题描述与模型构建

本章研究问题是在已知活动工序、活动的计划工期以及空间需求的条件下，考虑活动执行过程中空间干涉对作业效率的动态影响，合理选择各活动的执行模式并安排活动执行时间，以达到项目工期—成本最优的目标。研究基于以下假设：第一，活动的计划工期是不考虑空间干涉的理想状况下，完成活动所需要的总工时；第二，假设其他的资源供应充足，因此不考虑其他资源约束；第三，假设活动的各类空间需求已知，空间需求不随时间而改变；第四，假设每个活动的工作效率仅受空间干涉的影响，并且与空间干涉程度负相关；第五，假设活动可以有多种执行模式。

采用 AON 的项目网络，记为项目 $G = \{N, A\}$ 。AON 网络中节点集合 $N = \{0, 1, \cdots, n, n+1\}$ 表示 $n+2$ 个项目活动，其中活动 0 和 $n+1$ 表示虚拟的开始和结束活动。本章考虑活动具有多种执行模式，假设每个活动可选的执行模式集合为 $M_i = \{1, \cdots, |M_i|\}$ ，$m \in M_i$ 。每种执行模式下活动的工期、资源需求以及成本不尽相同。假设工程需要的可更新资源种类集合为 $K = \{1, \cdots, |K|\}$ ，$k \in K$ 。$\{a_{ij}\}, i, j \in N$ 表示活动之间的工序关系，若 i 是 j 的紧前活动，则 $a_{ij} = 1$ ；否则为 $a_{ij} = 0$ 。类似地，工序关系也可以用集合 $P(i) \in N$ 表示活动 i 的紧前活动集合。项目的计划时间范围全部离散化为时间段集合 $T = \{1, \cdots, N^T\}$ ，由 N^T 个单位时段构成，变量 $t \in T$ 。建立工程现场空间的三位坐标系 O-xyz，活动空间均定义在该坐标系下。模型涉及的其他参数与变量符号定义见表 5－1。

表 5-1　参数与变量符号定义

符号		定义
已知参数	D_{im}	无空间干涉影响下，执行模式 m 下活动 i 预计工期
	R_{imr}	执行模式 m 下活动 i 所需资源 r 的数量
	C_{im}	执行模式 m 下活动 i 的直接成本
	C^P	每延迟一单位时间的惩罚成本
	$T^{deadline}$	项目截止时间
	Ω_i	执行活动 i 时所需的空间
	v_k	每单位资源 k 所占用的空间体积
	$v(\Omega)$	活动 i 时所需的空间体积
	M	任意大的正数
变量	**F**	目标向量
	f^T	项目完工时间
	f^C	项目总成本
	s_i	活动 i 的开始时间
	d_i	活动 i 的实际执行时间
	$e_{it} \in [0,1]$	时段 t 上活动 i 的作业效率
	ρ_i	活动 i 空间的资源密度
	L_{it}	时段 t 上其他活动作业对活动 i 的空间干涉程度
	$x_{im} \in \{0,1\}$	当活动 i 按模式 m 执行时，$x_{im}=1$；否则，$x_{im}=0$
	$y_{it} \in \{0,1\}$	当选择活动 i 在 t 时段执行时，$y_{it}=1$；否则，$y_{it}=0$

为了更清晰地介绍模型，下面将分三个部分依次介绍：一是多模式工程项目调度的空间干涉度量公式。需要说明的是，由于本章考虑了活动的多种执行模式，因此与第四章的单模式问题中的空间干涉度量稍有差异。二是活动作业效率关于空间干涉程度的函数，计算实际的活动持续时间。三是基于以上，建立一般数学模型。

一　空间干涉度量模型

假设任意活动 i 需要的空间记为 Ω_i，函数 $v(\Omega_i)$ 计算该空间的体积。活动 i 所需空间中的资源密度计算公式为资源占用空间与活

动 i 的空间之比，如公式（5－1）所示。

$$\rho_i = \frac{\sum_k \left(\sum_{i,m \in M_i} x_{im} \cdot R_{imk} \right) \cdot v_k}{v(\Omega_i)}, \forall i \in N \tag{5-1}$$

其中，v_k 表示每单位资源 k 占用的空间体积。R_{imk} 表示执行模式 m 所需资源 k 的数量。决策变量 x_{im} 取值为 0 或 1，当选择模式 m 执行活动 i 时，$x_{im}=1$；否则，$x_{im}=0$。由于只有一种执行模式可被选择执行，公式（5－2）成立。因此，计算式 $\sum_{m \in M_i} x_{im} \cdot R_{imk}$ 表示执行活动 i 时所需资源 k 的数量。

$$\sum_{m \in M_i} x_{im} = 1, \forall i \in N \tag{5-2}$$

基于资源密度的定义，在 t 时间上，活动 i 受到的空间干涉定义为其他所有活动对活动 i 自身的空间干涉的加和，如公式（5－3）所示。

$$L_{it} = \sum_{i' \in N \setminus i} \left(\rho_{i'} \cdot v(\Omega_i \cap \Omega_{i'}) \cdot y_{it} \cdot y_{i't} \right), \forall i \in N, t \in T \tag{5-3}$$

其中，对于任意两空间 Ω_i 和 Ω_j，交集运算 $\Omega_i \cap \Omega_j$ 计算两空间的重叠部分。y_{it} 为 0/1 决策变量，当选择活动 i 在 t 时段执行时，$y_{it}=1$；否则，$y_{it}=0$。可以看出，对于任意两活动 i 和 i'，若 $v(\Omega_i \cap \Omega_{i'})=0$（空间不重叠）或者 $y_{it} \cdot y_{i't}=0, \forall t \in T$（作业时间不重叠），则空间干涉为 0。

二　活动作业效率函数

本章研究问题的重要特征是活动实际工期不是固定常数，而是受空间干涉影响的变量。假设在无空间干涉的理想情况下，已知执行模式 m 下的活动 i 计划工期为 D_{im}，每单位时间的作业效率为最大值 1。但考虑活动执行过程中受空间干涉的影响，活动作业效率随时间动态改变，记为作业效率函数 $e_{it} \in [0,1]$。公式（5－4）与公式（5－5）描述了计划工期、作业效率函数以及实际工期的关系，即作业效率在执行时段（$t_i^s, t_i^s + d_i$］的总和应恰好大于或等于计划工期。

$$\sum_{s_i+1}^{s_i+d_i} e_i(t) \geqslant \sum_{m \in Mi} x_{im} \cdot D_{im}, \forall i \in N \qquad (5-4)$$

$$\sum_{s_i+1}^{s_i+d_i-1} e_i(t) < \sum_{m \in M_i} x_{im} \cdot D_{im}, \forall i \in N \qquad (5-5)$$

如图 5－1 所示，计划工期可视为总工作量，是效率函数与时间轴围成的阴影区域的面积。可以看出，在第 t 时段活动 i 是否结束与第 $t-1$ 时段及之前各时段内的累计作业效率（作业量）有关。当累计作业效率小于总工作量要求时，则活动 i 未完成，第 t 时段将继续作业活动 i；否则，活动 i 完成且完工时间为 $t-1$。初始化 t 为活动 i 的开始时间，循环上述操作，直至活动 i 的所有作业量完成，输出活动结束时间。活动结束时间与开始时间的差值便是活动的实际执行时间。下一节将基于这一思想设计针对该问题的编码和解码机制。

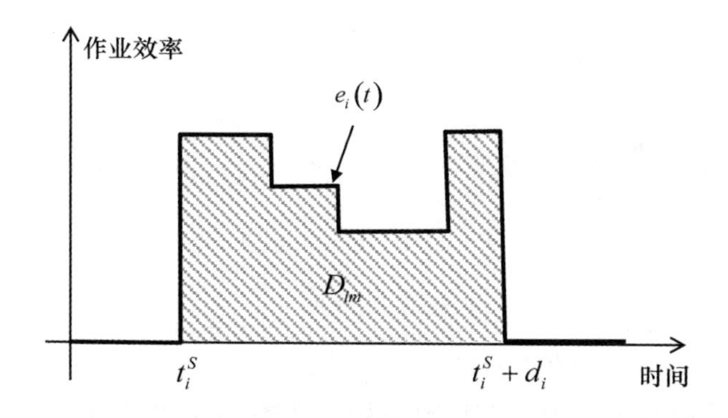

图 5－1　活动实际持续时间和总作业量的关系

本书参考了作业效率与其他因素（如学习速度、累积作业时间或经验）的函数关系（Fini 等，2015；Xiong 等，2016），采用 Sigmoid 函数（又称 Logistic 函数）描述作业效率与空间干涉的关系，见公式（5－6）。当时段 t 的活动正在被执行，即 $s_i \leqslant t < s_i + d_i$ ，可以按照 Sigmoid 函数公式求解空间干涉影响下的作业效率，其中 β 为

Sigmoid 函数的形状参数；否则表示不在活动执行时段上，活动效率为 0。

$$e_i(t) = \begin{cases} \dfrac{1+\beta}{1+\beta \cdot \exp(L_{it})}, if \quad s_i \leqslant t < s_i + d_i \\ 0, otherwise \end{cases} \tag{5-6}$$

显然，当空间干涉为 0，活动效率为 $\dfrac{1+\beta}{1+\beta \cdot e^{\sum_k \omega_k \cdot L_{it}}} = \dfrac{1+\beta}{1+\beta} = 1$，符合前文的假设。

三　数学规划模型

本章研究的考虑动态空间干涉的工程项目调度工期—成本优化问题，指的是在满足工序约束的前提下，确定每个活动的开始时间以及适合的执行模式，以达到的工期—成本双目标优化。综上所述，结合公式（5-1）至公式（5-6），该问题的一般数学模型如下。

[M5-1]：

$$\mathbf{min} \quad f = w^T \cdot f^T + w^C \cdot f^C \tag{5-7}$$

$$\mathbf{s.\,t.} \quad f^T = s_{n+1} \tag{5-8}$$

$$f^C = \sum_{i,m \in M_i} x_{im} \cdot C_{im} + C^P \cdot \max\{f^T - T^{deadline}, 0\} \tag{5-9}$$

$$a_{ij} \cdot (s_j - d_i - s_i) \geqslant 0, \forall i,j \in N \tag{5-10}$$

$$y_{it} = \begin{cases} 1, if \quad s_i < t \leqslant s_j + d_i \\ 0, otherwise \end{cases}, \forall i \in N, t \in T \tag{5-11}$$

本章采取多目标优化理论中的间接法——线性加权法来处理双目标优化模型，详见第二章第一节。如式（5-7）所示，将时间、成本目标加权求和成为一个目标 f，目标权重 $w^T + w^C = 1$。公式（5-8）计算项目工期 f^T，即虚拟结束活动的开始时间。公式（5-9）计算总成本 f^C，总成本由直接成本和间接成本两部分构成。其中，直接成本按公式 $\sum_{i,m \in M_i} x_{im} \cdot C_{im}$ 计算，表示所有活动执行的直接成本之和，C_{im} 指活动 i 执行模式 m 所需要的直接成本。不同于项目直接成本，间接成本与活动执行无关，与项目工期有关。这里考虑延期成本，令截止工期为 $T^{deadline}$ ，超过截止工期延迟每单位时间的惩罚成本为 C^P 。项目的总间接成本计算表达式为 $C^P \cdot \max\{f^T - T^{deadline},0\}$ ，其中的函数 $\max\{f^T - T^{deadline},0\}$ 计算延迟时间。约束（5－10）表示工序约束，即任意活动的开始时间不得早于其前序活动的完成时间。公式（5－11）定义了0/1变量 x_{im},y_{it} 。

第二节　人工藻群算法

2015年，Uymaz等学者设计了一种基于群体进化的智能优化算法——人工藻群算法（Artificial Algae Algorithm，AAA）。该算法模拟现实的藻类运动，包括适应性以及趋光/营养性等行为，设计相应的进化算子和整体流程，通过不断迭代进化搜索满意解。AAA在求解连续优化问题和组合优化问题（如背包问题）上均展现出良好的性能（Uymaz等，2015；Zhang等，2016）。AAA考虑 n 个藻群构成的种群，每个藻群表示解空间中的一个解，藻群是由 d 个藻细胞构成的球体/团状体，藻细胞代表构成问题解的一个元素，记为 $x_i = (x_{i1}, x_{i2}, \cdots, x_{id})$，$i = 1, \cdots, n$ 。因此，藻群构成种群如下。

$$\text{藻群种群} = \begin{bmatrix} x_1 \\ x_2 \\ \vdots \\ x_n \end{bmatrix} = \begin{bmatrix} x_{11} & x_{12} & \cdots & x_{1d} \\ x_{21} & x_{22} & \cdots & x_{2d} \\ \vdots & \vdots & \vdots & \vdots \\ x_{n1} & x_{n2} & \cdots & x_{nd} \end{bmatrix} \tag{5－12}$$

AAA通过螺旋运动算子、演化算子和适应算子使藻群向着更优的位置移动。伴随着藻群搜索位置的改变，藻群规模（Algal Colony Size）也发生着改变。现实中光/营养更丰富的环境有利于藻群生长和繁殖；反之，糟糕的生长环境会使得藻群萎缩甚至死亡。AAA里的藻群大小反映了藻群搜索位置的优劣，即目标函数值的优劣。藻群 x_i 的规模记为 $Size_i, i = 1, \cdots, n$ 。初始阶段 $Size_i$ 设置为1，随着适应度改变而变化。目标函数值越优，适应度越大，$Size_i$ 值越大。$Size_i$ 根据生物生长过程公式（5 - 13）和公式（5 - 14）计算，其中 $f(x_i)$ 是藻群的适应度，μ_i 是根据生物生长率定义的 $Size_i$ 系数，t 和 $t+1$ 分别表示当前代和下一代藻群。

$$\mu_i = \frac{Size_i + 4f(x_i)}{Size_i + 2f(x_i)} \tag{5-13}$$

$$Size_i^{t+1} = \mu_i \cdot Size_i^t, i = 1, 2, \cdots, n \tag{5-14}$$

AAA 的整体流程如图 5 - 2 所示。首先，初始化 AAA 参数，随机生成初始解并解码计算目标值，进而计算每个藻群的规模大小，

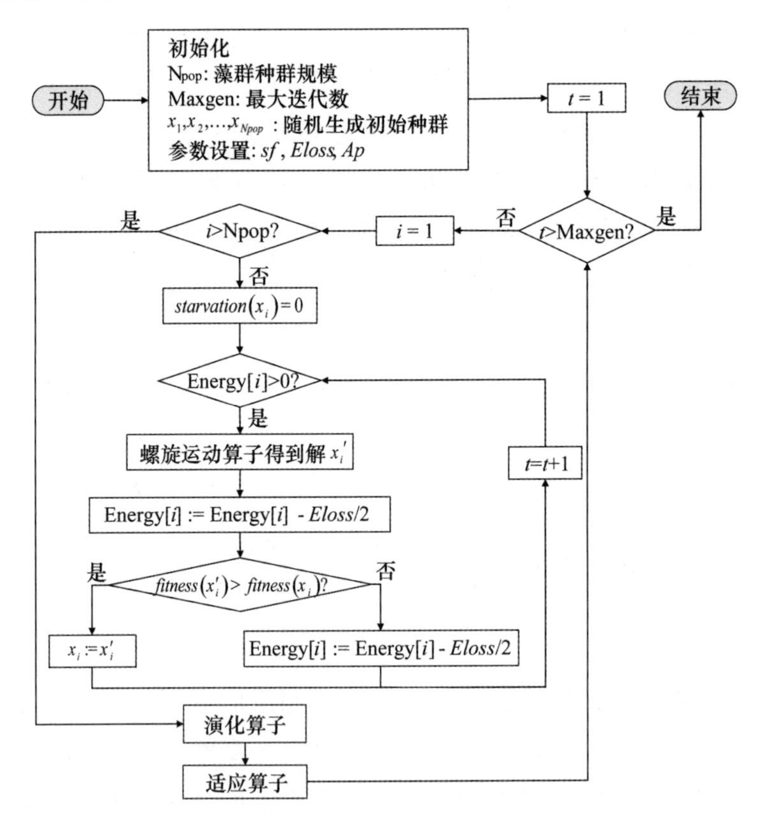

图 5 - 2　AAA 流程

配置各藻群的初始能量值。在能量的驱动下，每个藻群通过螺旋运动算子移动多次直到能量耗尽，最后移动到一个新的位置，解码计算新藻群的目标值和规模。每个藻群进行螺旋运动之后，对藻群进行演化算子和适应算子操作。接着判断是否满足最大迭代次数的终止条件，若满足，算法停止；否则，藻群在各自新的位置继续进行螺旋运动、演化和适应操作，直至满足终止条件。

下面详细介绍 AAA 的三个算子——螺旋运动、演化算子和适应算子。更多详细介绍请参见 Uymaz 等（2015）和 Zhang 等（2016）。

一　AAA 进化算子

螺旋运动算子模拟真实藻类的三维螺旋运动，每个藻群任意选择三个不同的藻细胞并按照公式（5－15）至公式（5－17）计算改变其位置。

$$x_{ih_1}^{t+1} = x_{ih_1}^{t} + (x_{jh_1}^{t} - x_{ih_1}^{t})(sf - \omega_i)p \quad (5-15)$$

$$x_{ih_2}^{t+1} = x_{ih_2}^{t} + (x_{jh_2}^{t} - x_{ih_2}^{t})(sf - \omega_i)\cos\alpha \quad (5-16)$$

$$x_{ih_3}^{t+1} = x_{ih_3}^{t} + (x_{jh_3}^{t} - x_{ih_3}^{t})(sf - \omega_i)\sin\beta \quad (5-17)$$

其中，h_1，h_2和 h_3分别表示在 1，2，…，d 中任选的三个不同藻细胞位置。i 和 j 分别是当前选择的藻群个体和用锦标赛方式选择的邻居个体。p 是在［－1，＋1］区间内随机生成的实数，α 和 β 分别是［0，2 π］区间内的随机生成数，sf 表示剪力参数，ω_i 表示第 i 个藻群运动时的摩擦表面积，藻群被视为球体，ω_i 按球面积公式（5－18）计算。

$$\omega_i = 2\pi\left(\sqrt[3]{\frac{3\,S_i}{4\pi}}\right)^2 \quad (5-18)$$

螺旋运动使藻群搜索到新解，如果解适应度得到改善，则旧解被新解替换；否则，保持不变。螺旋运动会消耗能量，规定单次螺旋运动后若解的适应度得到改善，则消耗能量 $Eloss/2$；否则，消耗 $Eloss$。

在自然环境中营养丰富的环境下，藻群生长迅速；反之，藻群萎缩死亡。AAA 的演化算子通过用最大藻群对应的藻群细胞替换最小藻群中的藻群细胞来模拟该自然现象，如公式（5－19）至公式（5－21）所示。

$$x^{biggest} = \arg(\max\{S_i \mid i = 1,\cdots,n\}) \tag{5-19}$$

$$x^{smalles} = \arg(\min\{S_i \mid i = 1,\cdots,n\}) \tag{5-20}$$

$$x_h^{smallest} = x_h^{bigges}, h \in \{1,2,\cdots,d\} \tag{5-21}$$

其中，$x^{biggest}$ 和 $x^{smallest}$ 分别表示最大和最小藻群。h 是随机选择的藻群细胞位置。藻群的适应过程是指藻群从恶劣环境向优良环境移动以实现自我生长的过程。藻群通过多次螺旋运动算子不停地搜寻新的环境，在这一系列的探索中，有时会成功找到更优的位置，但也存在失败的搜索，环境没有得到改善，甚至更加恶劣。失败的次数越多，说明藻群越需要改进。适应算子用饥饿值（Starvation Value）表示搜索失败的次数，记为 $starvation(x_i)$ 。在初始阶段，每个藻群的饥饿值为0，随着螺旋运动次数增多，每当螺旋运动后藻群的适应度下降，则饥饿值加1。当螺旋运动迭代全部结束时，每个藻群的饥饿值确定，其中饥饿值最大的藻群按一定的概率（A_p）向规模最大的藻群移动，即适应过程，如公式（5－23）所示。

$$x_s = (x_{s1}, x_{s2}, \cdots, x_{sd}) = \arg(\max\{starvation(x_i)\}) \tag{5-22}$$

$$x_{sh}^{t+1} = \begin{cases} x_{sh}^t + (x_h^{biggest} - x_{sh}^t) \times rand\ 1, & if\ rand\ 2 < A_p \\ x_{sh}^{t+1}, & otherwise \end{cases} \tag{5-23}$$

其中，下标 s 表示饥饿值最大的藻群编号；h 是随机选择的藻群细胞编号；$rand\ 1$ 和 $rand\ 2$ 是［0，1］区间内的随机数；A_p 是适应概率参数，一般设置为 0.3 到 0.7 之间，用来衡量适应算子发生与否。

二 编码与解码机制

对于一般的 RCPSP，传统的编码方式是采用活动排序或权重两种编码方式，活动的排序和权重本质上均体现活动占用资源的优先权。传统的解码机制，又称调度方案生成机制，可分为串行和并行两种方式，详细介绍参见第二章。但这两种机制均采用贪婪准则，即在资源允许的情况下，活动尽早开始，这会导致解的多样性较小。

然而本章研究的问题，解空间范围更广（活动的开始时间），需要精细控制活动之间的重叠时间，从而控制空间干涉对作业效率乃至活动持续时间的影响。因此，传统的编码和解码方式并不适用于本问题，为此本章针对性地设计了基于相对延迟时间的编码方式和相应的解码机制。

根据本章第一节的问题描述，除虚拟开始和结束活动之外，项目由 n 个活动组成。设计的编码由 2 n 个元素构成，记为 $DML = (\Delta_1, \cdots, \Delta_n, m_1, \cdots, m_n)$ 。其中，前 n 个元素中任意 Δ_i 表示活动 i 的相对延迟时间，即相对于活动 i 的最早可开始时间，再延迟 Δ_i 个单位时间后开始。后 n 个为对应活动的模式选择，$m \in M_i$ 。活动 i 的最早可开始时间指的是活动 i 的前序活动全部完成的最早时刻。Δ_i 取值范围为 $\{0, 1, \cdots, \mathrm{MAX}\Delta\}$ ，MAXΔ 表示最大延迟时间。$\Delta_i = 0$ 表示活动 i 不延迟，其前序活动都完成时立即开始执行。由于 AAA 是针对连续优化问题设计的方法，藻群位置 x 为实数向量，而本问题采用整数编码。因此，依据公式（5－24）和公式（5－25）对任意实数编码 x 离散化处理进而限定范围。

$$dt_i = \min\{\mathrm{MAX}\Delta, \max\{0, round(\Delta_i)\}\}, \forall i \in N/\{0, n+1\} \tag{5-24}$$

$$m_i = \min\{|M_i|, \max\{1, round(m_i)\}\}, \forall i \in N/\{0, n+1\} \tag{5-25}$$

接着对每个编码进行解码从而生成调度方案，包括确定工程项目调度方案（活动的开始时间和工期）和模式选择方案。根据本章问题的特征设计解码机制，如图 5－3 所示。参数 $e_i^t, \omega_i^t, \overline{W}_i^t$ 分别表示

活动 i 在 t 时段的作业效率、累计工作量和剩余工作量。集合 F 包含已经处理的活动，即开始时间和工期已经确定的活动。M 表示一个任意大的正数，$t_i^E = M$ 表示活动 i 的开始时间还未确定。解码机制的主要思想是：从时刻 0 开始，按照项目发展时间逐步判断每个时间段执行的活动，根据本章第一节构建的模型计算各执行活动的空间干涉程度，进一步计算作业效率、该时段结束时累计完成的工作量以及剩余工作量。接着，判断每个执行活动是否完成。当任意活动

输入: $\mathbf{x} = (\Delta_1, \Delta_2, \cdots, \Delta_n, m_1, m_2, \cdots, m_n), D_i, \upsilon_k, R_{imk}$

输出: $s_i, d_i, \forall i;$

中间变量: $e_i^t, \overline{W}_i^t, t_i^E, F$

初始化: $t = 1;\ F = \{O\};\ e_i^t = 0, \forall i, t;\ s_i = M, d_i = 0, \forall i;\ \overline{W}_i^t = D_i$

$\rho_i = \sum_k \frac{R_{im_ik} \cdot \upsilon_k}{v(\Omega_i)}$

For $\forall i \in N \setminus \{O\}$ **Do**
  If $P(i) = \{O\}$
    $t_i^E = 0$
    $s_i = t_i^E + dt_i$
  End
End
While $\sum_i \overline{W}_i^t > 0$ **Do**
  For $i = 1:|N|$ **Do**
    If $s_i < t \,\&\, \overline{W}_i^t > 0$
      $y_{it} = 1$
    End
  End
  计算干涉程度和效率 $e_i^t, \forall i;$
  更新剩余工作量 $\overline{W}_i^t = \max\left\{0, \overline{W}_i^t - e_i^t\right\}$
  If $\overline{W}_i^t = 0$
    $d_i = t - s_i;\ F = F \cup \{i\};$
  End
  For $\forall i \in N$ **Do**
    If $i \notin F \,\&\, P(i) \subseteq F$
      $t_i^E = \max\left\{s_j + d_j \middle| j \in P(i)\right\}$
      $s_i = t_i^E + dt_i$
    End
  End
  $t = t + 1;$
End

图 5－3　解码机制

i 的剩余工作量小于等于 0，则活动完工且当前时段即是该活动的完成时间。活动完成时间与开始时间之差为活动持续时间 d_i。每当有活动完工，更新其紧后活动的最早开始时间，并根据编码值（相对延迟时间）推算相应的活动开始时间，即 $s_i = t_i^E + dt_i$。以此类推，直至所有活动被完成，算法结束。

三　适应度计算

任一藻群个体 x_i 经过解码后得到相应的活动模式选择和调度方案，进而可根据公式（5-7）至公式（5-9）计算目标值。令适应度 $fitness(x_i)$ 为加权目标的倒数，如公式（5-26）所示。

$$fitness = 1/(w^T \cdot f^T + w^C \cdot f^C) \tag{5-26}$$

第三节　案例与计算实验分析

一　案例介绍与参数设置

本章采用的工程案例改编自 Lucko 等（2014）和 Dong 等（2012）研究中的真实工程案例，简称为工程案例 2。某办公楼装饰工程由 19 个活动构成，活动基本信息见表 5-2，涉及 4 类人力资源（$|K| = 4$），分别是电工、金工、木工、漆工。坐标系和各活动作业的三维空间布局如图 5-4 所示，具体空间需求信息见表 5-3。该例子中每个活动所需的空间都为箱型。任意箱型空间可通过最小顶点 $\min V = (\min X, \min Y, \min Z)$ 和最大顶点 $\max V = (\max X, \max Y, \max Z)$ 确定，空间体积的计算公式为 $V = (\max X - \min X) \times (\max Y - \min Y) \times (\max Z - \min Z)$。例如，图 5-4 中作业空间［7］可表示为 $(\min V, \max V) = [(1.5, 0, 1), (48.5, 3, 2.5)]$，空间体积为 211.5 立方米。假设每个工人平均所需要占用的基本空间为长为 1.5 米，宽为 2 米，高度根据不同的工种和不同的活动要求确定，见表 5-2。

设截止时间为 150 小时，超出截止工期的时间按 100 元/小时的惩罚成本计算。

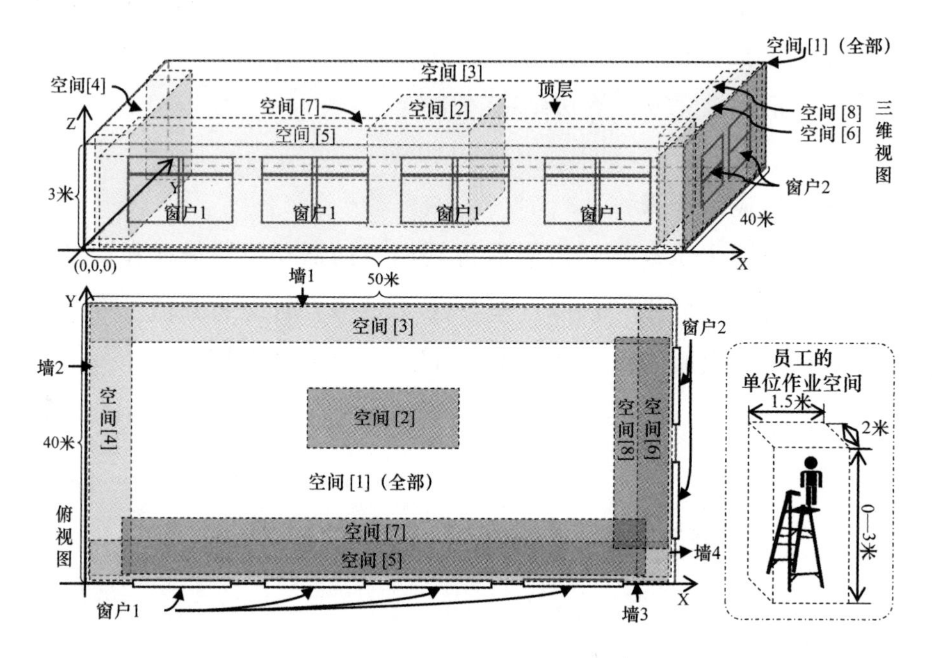

图 5-4　活动空间

表 5-2　　　　活动参数

编号	活动描述	紧前活动	模式编号	计划工期（小时）	资源需求	成本（元）
1	顶层管道安装	—	1	24	4 电工	900
			2	18	6 电工	1200
2	顶层 HAVC 安装	1	1	10	2 金工	600
			2	6	4 金工	1000
3	顶层电气安装	1	1	10	2 电工	400
			2	7	4 电工	1000

续表

编号	活动描述	紧前活动	模式编号	计划工期（小时）	资源需求	成本（元）
4	吊顶	2，3	1	60	8 木工	3000
			2	40	12 木工	4000
5	管道安装（墙面 1）	—	1	4	2 电工	1200
6	管道安装（墙面 2）	—	1	3	2 电工	1500
7	管道安装（墙面 3）	—	1	4	2 电工	1500
8	管道安装（墙面 4）	—	1	2	2 电工	1500
9	电气安装（墙面 1）	5，6，7，8	1	3	2 电工	1200
10	电气安装（墙面 2）	5，6，7，8	1	2	2 电工	1500
11	电气安装（墙面 3）	5，6，7，8	1	3	2 电工	1500
12	电气安装（墙面 4）	5，6，7，8	1	2	2 电工	1500
13	窗户安装 1	—	1	4	2 木工	600
			2	2	4 木工	1000
14	窗户安装 2	—	1	2	2 木工	600
			2	1	4 木工	1000
15	墙面粉饰（天花板）	4	1	48	6 漆工	1500
			2	24	10 漆工	3000
16	墙面粉饰（墙面 1）	9，10，11，12，13，14，15	1	14	4 漆工	1200
			2	8	8 漆工	2400
17	墙面粉饰（墙面 2）	9，10，11，12，13，14，15	1	12	2 漆工	1000
			2	7	4 漆工	2000
18	墙面粉饰（墙面 3）	9，10，11，12，13，14，15	1	9	2 漆工	600
			2	6	4 漆工	1200
19	墙面粉饰（墙面 4）	9，10，11，12，13，14，15	1	8	2 漆工	600
			2	4	4 漆工	1200

表 5-3 空间信息

Act. ID	空间	空间需求		空间体积（立方米）	平均作业空间/人（长，宽，高）（米）	作业空间体积/人（立方米）
	No.	Min V（米）	Max V（米）			
1	[1]	(0, 0, 0)	(50, 40, 3)	6000	(1.5, 2, 3)	9
2	[2]	(20, 20, 0)	(30, 25, 3)	150	(1.5, 2, 3)	9
3	[1]	(0, 0, 0)	(50, 40, 3)	6000	(1.5, 2, 3)	9
4	[1]	(0, 0, 0)	(50, 40, 3)	6000	(1.5, 2, 3)	9
5	[3]	(0, 38, 0)	(50, 40, 3)	300	(1.5, 2, 1.5)	4.5
6	[4]	(0, 0, 0)	(2, 40, 3)	240	(1.5, 2, 1.5)	4.5
7	[5]	(0, 0, 0)	(50, 2, 3)	300	(1.5, 2, 1.5)	4.5
8	[6]	(48, 0, 0)	(50, 40, 3)	240	(1.5, 2, 1.5)	4.5
9	[3]	(0, 38, 0)	(50; 40, 3)	300	(1.5, 2, 1.5)	4.5
10	[4]	(0, 0, 0)	(2, 40, 3)	240	(1.5, 2, 1.5)	4.5
11	[5]	(0, 0, 0)	(50, 2, 3)	300	(1.5, 2, 1.5)	4.5
12	[6]	(48, 0, 0)	(50, 40, 3)	240	(1.5, 2, 1.5)	4.5
13	[7]	(1.5, 0, 0)	(48.5, 3, 2.5)	352.5	(1.5, 2, 2)	6
14	[8]	(47, 1.5, 0)	(50, 38.5, 2.5)	277.5	(1.5, 2, 2)	6
15	[1]	(0, 0, 0)	(50, 40, 3)	6000	(1.5, 2, 3)	9
16	[3]	(0, 38, 0)	(50, 40, 3)	300	(1.5, 2, 1.5)	4.5
17	[4]	(0, 0, 0)	(2, 40, 3)	240	(1.5, 2, 1.5)	4.5
18	[5]	(0, 0, 0)	(50, 2, 3)	300	(1.5, 2, 1.5)	4.5
19	[6]	(48, 0, 0)	(50, 40, 3)	240	(1.5, 2, 1.5)	4.5

实验参数设置见表 5-4，不妨称为标准参数设置。下面实验分析内容包括：单个算例分析、目标权重影响分析、效率函数影响分析、算法比较分析，以验证模型和算法的有效性。

表 5-4　实验的参数设置

序号	参数	序号	参数
1	$[w^T, w^C] = [0.5, 0.5]$	5	$sf = 3$
2	$\mathrm{MAX}\Delta = 30$	6	$Ap = 0.5$
3	$\beta = 0.5$	7	$Eloss = 0.3$
4	$N_{pop} = 30$	8	$Maxgen = 10000$

二　实验结果分析

（一）单个算例分析

基于标准参数设置，执行 AAA 得到表 5-5 所示的调度方案，总工期为 131，总成本为 27.3×10^3。活动的持续时间是在解码过程中根据活动的动态效率求得的，19 个活动的效率函数的变化如图 5-5所示，从活动的效率函数图不仅可以看出每个活动的开始作业时间和持续时间，还可以看出每个活动的工作效率随着时间发展的变化情况，比甘特图更详尽。活动开始于第一次出现效率高于零的时刻，活动开始之后，在效率再次降为零并始终为零的最早时刻为该活动的结束时刻，活动持续时间为活动结束时刻与开始时刻之差。

表 5-5　AAA 求解的调度方案

活动 i	1	2	3	4	5	6	7	8	9	10
开始作业时间	0	24	43	50	30	30	24	28	39	35
活动持续时间	24	6	7	40	5	4	4	2	4	3
活动执行模式	1	2	2	2	1	1	1	2	2	1
活动 i	11	12	13	14	15	16	17	18	19	
开始作业时间	36	38	30	30	90	114	114	114	114	
活动持续时间	4	3	5	2	24	17	11	10	10	
活动执行模式	1	1	1	2	2	1	2	1	1	

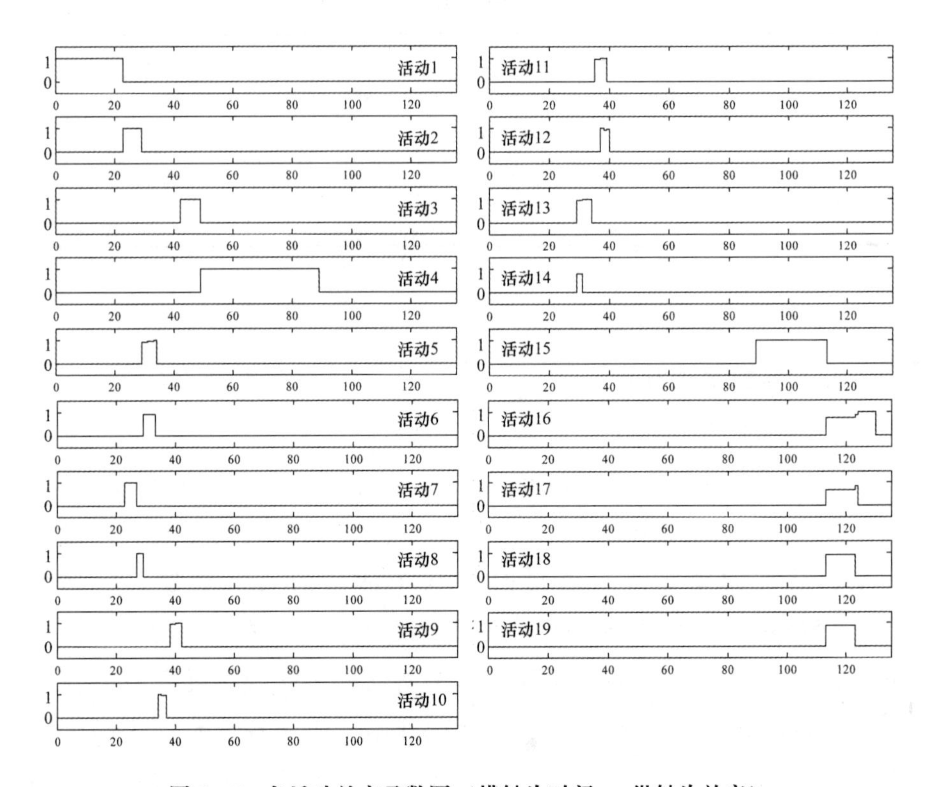

图5-5 各活动效率函数图（横轴为时间 t，纵轴为效率）

（二）目标权重影响分析

设置目标权重值为 $w^T = 0.0, 0.1, 0.2, \cdots, 1.0$，其他参数按标准设置，进行11组实验，每组实验重复进行10次，统计结果如图组5-6所示，子图（a）、（b）和（c）分别是工期、成本和计算时间的箱线图和均值趋势（虚折线）。随着工期权重从0到1逐步增加，AAA计算的满意方案的成本逐渐增加，而工期逐渐减少。当时间权重由0增至0.1时，工期下降幅度和成本上升幅度最大。在0.1之后，当时间权重增加，工期下降幅度减缓，同样，成本上升幅度也减缓。而AAA的平均计算时间的大小与权重关系并不明显见子图（c），但是随着工期权重增长，10次实验的计算时间波动幅度增大（箱线图中最高点与最低点的落差）。

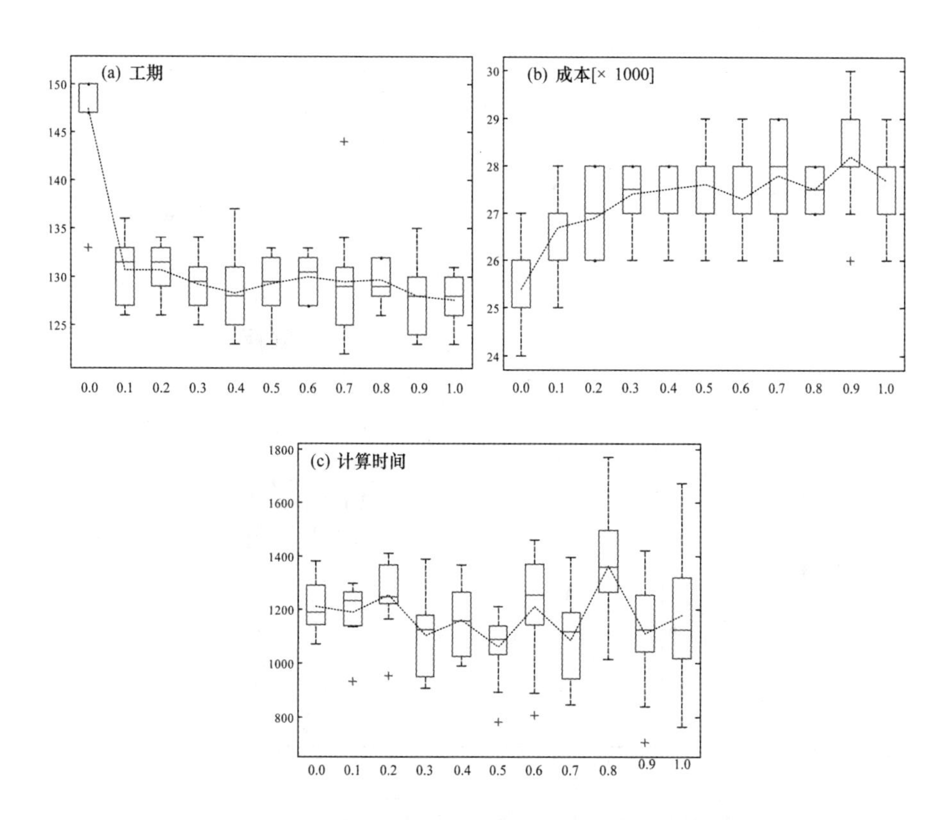

图 5－6　不同的工期权重活动下的统计结果箱线图组

（三）效率函数影响分析

改变效率函数的形状参数 β，令 $\beta = 0.0,0.1,0.2,\cdots,1.0$，其他参数按标准设置，每组实验重复进行 10 次，统计结果如图 4－7 所示。可以看出，随着 β 增长，空间干涉对效率的影响增加，微小的空间干涉往往引起效率的明显降幅，而活动效率直接关系着工期的大小。同时，活动效率降低使得活动持续时间延长，这意味着 AAA 按时间维度解码的计算次数增加。从图 5－7 中可看出，总体上，随着 β 增长，活动持续时间呈缓慢的上升趋势，计算时间呈明显线性增长趋势，但活动成本与 β 关系不明确。

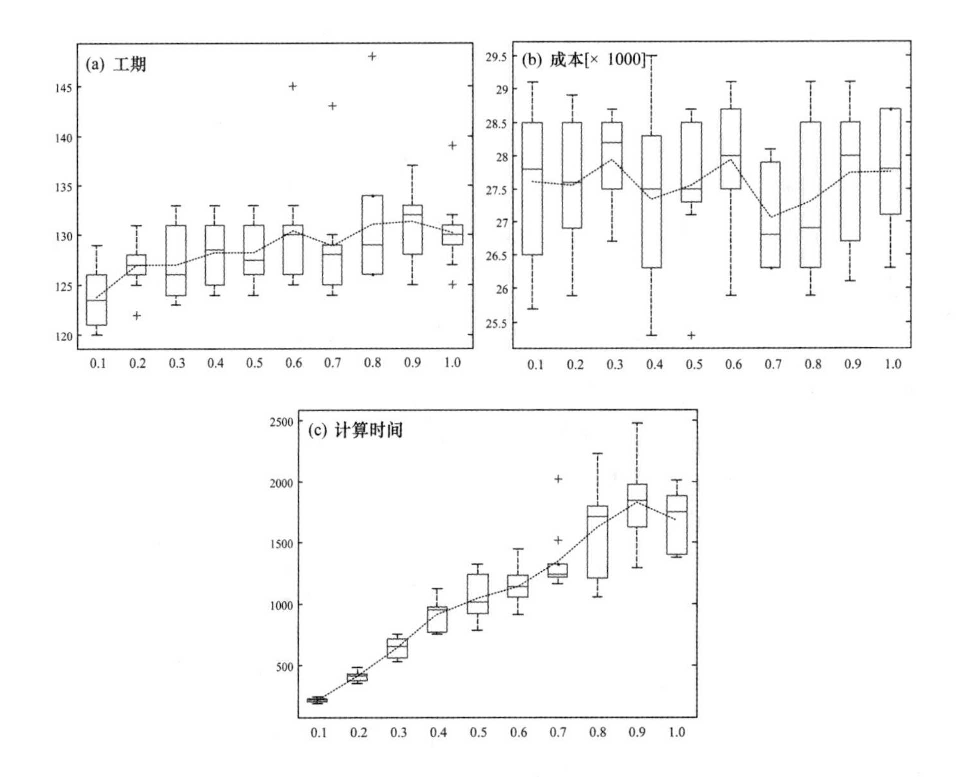

图 5－7　不同 β 取值下的统计结果箱线图组

（四）算法比较分析

为了验证 AAA 的有效性，将 AAA 和经典的 GA 进行比较实验。分别执行 AAA 和 GA 各 50 次，统计结果包括计算时间以及最优解的目标值。对每一组实验，将 AAA 的结果除以 GA 的对应结果以消除量纲的影响，结果统计如图 5－8 所示。可以看出，计算时间比、完工时间比和总成本比几乎都小于 1，均值分别为 0.834、0.578、0.360。实验表明，AAA 的计算时间更少，完工时间和总成本目标也更小，效果更优于 GA。

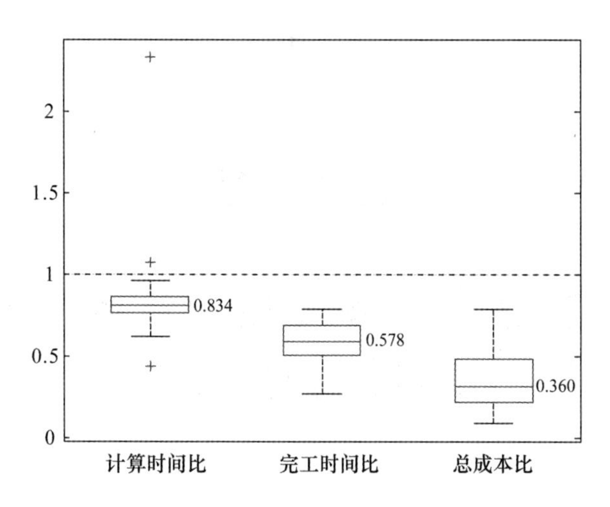

图 5－8　AAA 和 GA 比较统计图

第四节　本章小结

本章在工程项目调度优化问题中考虑了空间干涉对作业效率的动态影响，通过对空间干涉进行度量，设计作业效率与空间干涉之间的函数关系式，建立了相应的工程项目调度优化模型。为求解该问题，有针对性地设计了相对延迟时间的编码方式和解码机制，并采用 AAA 求解模型。然后，通过一个工程案例进行实验分析。结果表明，活动的效率函数图不仅可以展现每个活动的开始作业时间和工期，还可以展现每个活动的作业效率随时间发展的变化情况，比甘特图更加详尽。分析不同目标权重的影响发现，随着工期权重的增加，平均总成本逐渐增加而平均工期逐渐减少。分析不同的效率函数对结果的影响，发现随着效率函数的形状参数 β 的不断增长，活动持续时间呈缓慢的上升趋势，计算时间呈明显的线性增长趋势。最后将 AAA 和 GA 进行比较实验，结果表明，AAA 在计算效率和效果方面均优于 GA。

第六章

考虑空间干涉可接受性的工程项目调度问题

本章按管理者对空间干涉发生是否可接受的属性，将空间干涉划分为两类：一是不可接受的空间干涉（Unacceptable Space Interference，USI）：会产生严重后果，因而必须避免其发生；二是可接受的空间干涉（Acceptable Space Interference，ASI）：允许发生的一类影响程度较小的空间干涉。若一些活动之间的空间干涉是不可接受的，通过合理安排这些活动的执行期，避免它们的执行期重叠，可以防止空间干涉发生。对于 ASI，假设 ASI 发生会引起活动作业效率的降低，从而延长活动持续时间。

本章在第五章研究的基础上，进一步考虑 USI 不允许发生的硬约束，同时加入考虑其他资源的供给量限制条件，研究如何在工程项目调度问题中确定活动的执行时间和作业模式，以避免 USI 的发生并控制 ASI 的程度，以达到项目工期、成本和资源均衡三者最小化。本章首先对问题进行描述，进而建立一般数学模型，接着基于该模型设计了由枚举算法和 NSGA-Ⅱ构成的两阶段智能优化算法，并通过一个实际案例验证模型和算法的有效性。

第一节　问题描述与模型构建

根据第三章介绍，按管理者的可接受性将空间干涉分成可接受和不可接受的两类。本章研究的是考虑这两类空间干涉的多模式资源受限的工程项目调度问题。研究问题旨在求解每个活动的开始时间、实际工期以及执行模式选择，满足活动工序约束、资源限制约束，避免不可接受空间干涉的发生，并控制可接受空间干涉对工期的影响程度，以达到项目工期、成本和资源均衡最小化的目标。本章研究基于以下假设：第一，活动的作业空间已知，空间需求不随时间的变化而改变；第二，管理者已经对活动间的空间干涉类型和可接受性给出判断；第三，假设杜绝 USI 的发生，允许 ASI 发生，但会影响活动的作业效率，作业效率与可接受空间干涉程度负相关；第四，假设活动可以有多种执行模式。需要说明的是，上述第二条假定空间干涉的类型和可接受性信息已知。这是可以通过目前的方法和技术实现的。例如，Dawood 和 Mallasi（2006）、Choi 等（2014）通过数字信息可视化技术，表征空间需求，进而通过专家人为或计算机自动地识别活动空间干涉的类型和程度，进而判断空间干涉的可接受性。例如，第三章介绍的案例 1 的空间干涉类型和可接受性如图 6－1 所示。

本章提出的模型是在 MRCPSP 模型的基础上融合了空间干涉可接受性信息。本章仍采用 AON 项目网络，记为项目 $G=\{N,P\}$。AON 网络中节点集合 $N=\{0,1,\cdots,n,n+1\}$ 表示项目活动，0 和 $n+1$ 分别为虚拟的开始和结束活动。工序关系集合 $P\subset N^2$，若 i 是 j 的紧前活动，则 $(i,j)\in P$。每个活动可选的执行模式集合为 $M_i=\{1,\cdots,|M_i|\}$，$m\in M_i$。假设工程需要的可更新资源种类集合为 $R=\{1,\cdots,|R|\}$，$r\in R$。项目整个计划的时间范围离散化为时间段

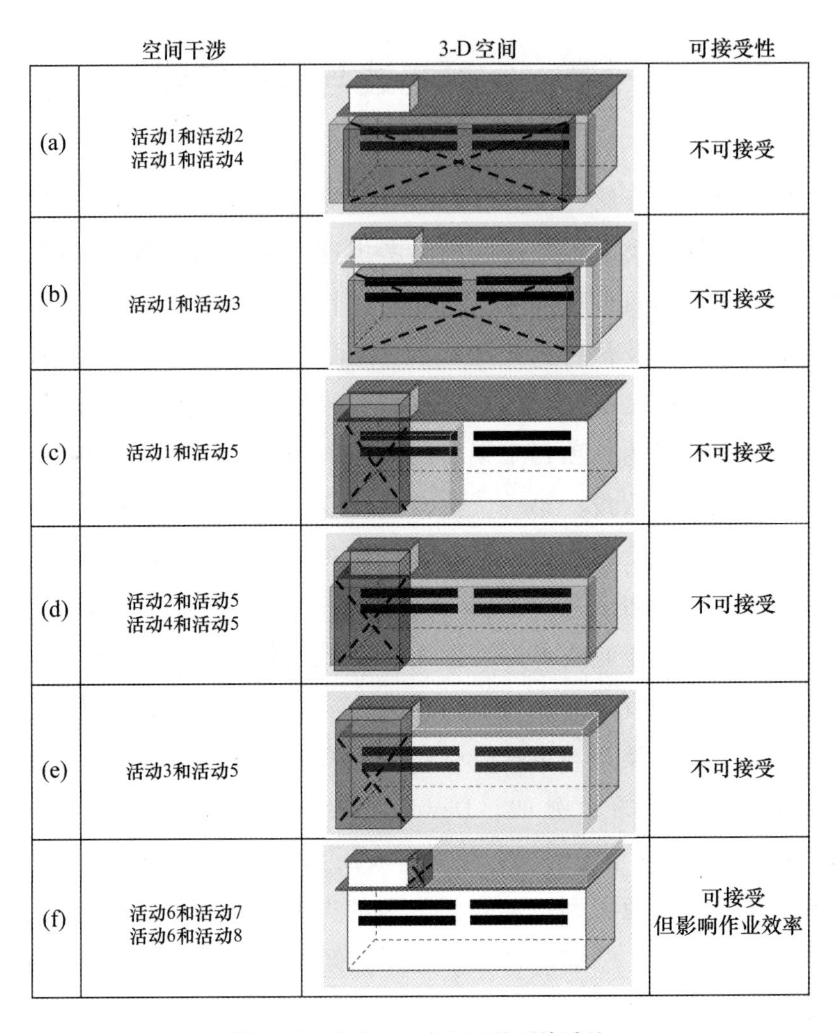

图 6－1　案例 1 的空间干涉可接受性

集合 $T=\{1,\cdots,|T|\}$，由 $|T|$ 个单位时间间隔构成，$t\in T$。建立工程现场空间的三位坐标系 O-xyz，活动所需空间均定义在该坐标系下。任意两个活动之间的空间干涉的可接受性已知，这里用空间干涉矩阵 $\{B_{ij}\}$ 表示。若活动 i 和活动 j 之间不存在空间干涉，则 $B_{ij}=0$；如果活动 i 和活动 j 之间可能存在 ASI，则 $B_{ij}=1$；如果活动 i 和活动 j 之间可能存在 USI，则 $B_{ij}=2$。以工程案例 1 为例，基于

图 6－1的空间干涉信息，相应的空间干涉矩阵如图 6－2 所示。

	1	2	3	4	5	6	7	8
1	0	2	2	2	2	0	0	0
2	2	0	0	0	2	0	0	0
3	2	0	0	0	2	0	0	0
4	2	0	0	0	2	0	0	0
5	2	2	2	2	0	0	0	0
6	0	0	0	0	0	0	1	1
7	0	0	0	0	0	1	0	0
8	0	0	0	0	0	1	0	0

图 6－2　案例 1 的空间干涉矩阵

下面建立一般数学模型，涉及的其他参数与变量符号定义见表 6－1。

表 6－1　　参数与变量符号定义

符号		定义
已知参数	B_{ij}	空间干涉矩阵
	D_{im}	无空间干涉影响下执行模式 m 下活动 i 的预计执行时间
	R_{imr}	执行模式 m 下活动 i 所需资源 r 的数量
	$\widehat{R}_r$	资源 r 的总量
	w_r	资源均衡目标中的资源 r 权重，$\sum_r w_r = 1$
	C_{im}	执行模式 m 下活动 i 的直接成本
	C^P	每延迟一单位时间的惩罚成本
	$T^{deadline}$	项目截止时间
	Ω_i	执行活动 i 时所需的空间
	v_k	每单位资源 k 所占用的空间体积
	$v(\Omega)$	活动 i 时所需空间的体积
	M	任意大的正数

续表

符号		定义
变量	$\mathbf{F}$	目标向量
	f^T	项目完工时间
	f^C	项目总成本
	f^R	资源均衡度
	s_i	活动 i 的开始时间
	d_i	活动 i 的实际执行时间
	$e_{it} \in [0,1]$	时段 t 上活动 i 的作业效率
	ρ_i	活动 i 作业空间的资源密度
	L_{it}	时段 t 上其他活动作业对活动 i 的空间干涉程度
	Γ_t	时段 t 上正在执行的活动集合
	$\overline{R_r}$	整体项目执行过程中资源类型 r 的平均使用量时
	$x_{im} \in \{0,1\}$	当活动 i 按模式 m 执行时，$x_{im}=1$；否则，$x_{im}=0$
	$y_{ij} \in \{0,1\}$	当活动 i 完成后活动 j 开始执行，$y_{ij}=1$；否则，$y_{ij}=0$

基于以上符号定义，建立数学模型［M6－1］。

［M6－1］：

$$\min \quad \mathbf{F} = (f^T, f^C, f^R)$$

$$f^T = s_{n+1} \tag{6-1}$$

$$f^C = \sum_{i \in N, m \in M_i} x_{im} \cdot C_{im} + C^P \cdot \max\{f^T - T^{deadline}, 0\} \tag{6-2}$$

$$f^R = \sum_{r \in R} w_r \cdot \left(\sum_{t \in T} \left| \left(\sum_{i \in \Gamma_t, m \in M_i} x_{im} \cdot R_{imr} \right) - \frac{\sum_{i \in N} d_i \cdot \left(\sum_{m \in M} x_{im} \cdot R_{imr} \right)}{f^T} \right| \right) \tag{6-3}$$

s. t.

$$y_{ij} + y_{ji} = 1, \forall i,j \in N, B_{ij} = 2 \tag{6-4}$$

$$y_{ij} = 1, \forall (i,j) \in A \tag{6-5}$$

$$\rho_i = \frac{\sum_k \left(\sum_{i, m \in M_i} x_{im} \cdot R_{imk} \right) \cdot v_k}{v(\Omega_i)} \forall i \in N \tag{6-6}$$

$$L_{it} = \begin{cases} \sum_{i' \in \{i'' \mid B_{i''i} = 1, i'' \in \Gamma_t \setminus i\}} (\rho_{i'} \cdot v(\Omega_i \cap \Omega_{i'})), if\ i \in \Gamma_t \\ 0, otherwise \end{cases} \tag{6-7}$$

$$e_{it} = \begin{cases} \frac{1 + \beta}{1 + \beta \cdot \exp(L_{it})}, if\ s_i < t \leqslant s_i + d_i \\ 0, otherwise \end{cases}, \forall i \in N, t \in T \tag{6-8}$$

$$\sum_{s_i+1}^{s_i+d_i} e_{it} \geqslant \sum_{m \in M_i} x_{im} \cdot D_{im}, \forall i \in N \tag{6-9}$$

$$\sum_{s_i+1}^{s_i+d_i-1} e_{it} < \sum_{m \in M_i} x_{im} \cdot D_{im}, \forall i \in N \tag{6-10}$$

$$\sum_m x_{im} = 1, \forall i \in N \tag{6-11}$$

$$s_i + d_i \leqslant s_j + y_{ij} \cdot M, \forall i,j \in N \tag{6-12}$$

$$s_0 = 0 \tag{6-13}$$

$$\sum_{i \in \Gamma_t} \sum_{m \in M_i} (R_{imr} \cdot x_{im}) \leqslant \overline{R}_r, \forall r \in R, t \in T \tag{6-14}$$

$$s_i \in \{0, \cdots, T\} \tag{6-15}$$

$$x_{im}, y_{ij} \in \{0,1\} \tag{6-16}$$

模型旨在最小化三个目标：项目完工时间、总成本、资源均衡度。目标公式（6－1）计算完工时间，即结束活动的开始时间。目标公式（6－2）计算总成本，包括直接成本和间接成本。其中，直接成本是指在活动执行过程中直接产生的成本，等于活动直接成本之和 $\sum_{i \in N, m \in M_i} x_{im} \cdot C_{im}$。间接成本与项目进程有关，这里考虑因延期而产生的惩罚成本，表达式为 $C^P \cdot \max\{f^T - T^{deadline}, 0\}$，其中 $\max\{f^T - T^{deadline}, 0\}$ 计算超出项目截止日期的延期时间，C^P 表示每延迟一单位时间的惩罚成本。目标公式（6－3）计算总体资源均衡度 f^R，即资源使用量偏离均值的距离加权和。其中，

$\frac{\sum_{i \in N} d_i \cdot (\sum_{m \in M} x_{im} \cdot R_{imr})}{f^T}$ 计算资源 k 使用量的均值。由于 USI（$B_{ij}=2$）需要避免发生，涉及活动不能同时执行，这意味着 y_{ij} 和 y_{ji} 其中必然有一个取值为 1，即公式（6－4）$y_{ij}+y_{ji}=1$。公式（6－5）定义变量 y_{ij}，当活动 i 是活动 j 的紧前活动时，$y_{ij}=1$。事实上，公式（6－4）和公式（6－5）定义的 y_{ij} 构成新的项目网络关系，包括原工序关系［公式（6－5）］，还有因 USI 产生的新工序关系［公式（6－4）］。这也为后续的算法设计提供了思路。公式（6－6）计算作业空间中的资源密度。公式（6－7）计算任意活动 i 在 t 时段的干涉程度 L_{it}，考虑在 t 时段正在执行且与活动 i 发生 ASI 的其他活动 $i' \in \{i'' | B_{i''i}=1, i'' \in \Gamma_t \setminus i\}$，求所有满足上述条件的活动 i' 对活动 i 的空间干涉的总和。公式（6－8）计算作业效率，公式（6－9）至公式（6－10）计算每个活动的实际工期。公式（6－6）至公式（6－10）的基本思想可参见第三章和第五章的介绍，这里不予赘述。公式（6－11）要求每个活动只能且必须选择一种执行模式。公式（6－12）是工序约束，当 $y_{ij}=1$ 时，活动 i 的结束时间应不晚于活动 j 的开始时间。公式（6－13）要求 0 活动的开始时间为 0。约束公式（6－14）是资源量供给限制约束。约束公式（6－15）和约束公式（6－16）分别指定决策变量的取值范围。

第二节　两阶段混合算法

本节根据上述的数学模型，设计由枚举法和 NSGA-Ⅱ算法构成的两阶段混合算法求解模型。下面将分为三部分一一阐述，首先介绍两阶段混合算法整体流程；接着分别详细介绍第一阶段的枚举法，以及第二阶段的 NSGA-Ⅱ算法。

一　两阶段混合算法流程

两阶段混合算法的流程如图6－3所示。首先，为了得到表6－1中涉及的已知参数，在预处理阶段需要收集并获得项目的基本信息，包括项目网络、活动基本信息、空间需求信息等，接着进行空间干涉分析，判定空间干涉的类型和可接受性，得到空间干涉矩阵。之后进入算法的第一阶段，根据项目网络和空间干涉矩阵，枚举出避免USI的新网络结构。继而进入第二阶段，针对第一阶段得到的每个新网络结构，利用NSGA-Ⅱ求解考虑ASI影响下工期可变的工程项目调度问题，即将第五章的研究问题扩展成项目工期—成本—资源均衡三目标最小化的优化问题，计算出每个新网络结构的非劣解集。最终，汇总非劣解并从中选择非支配解集。

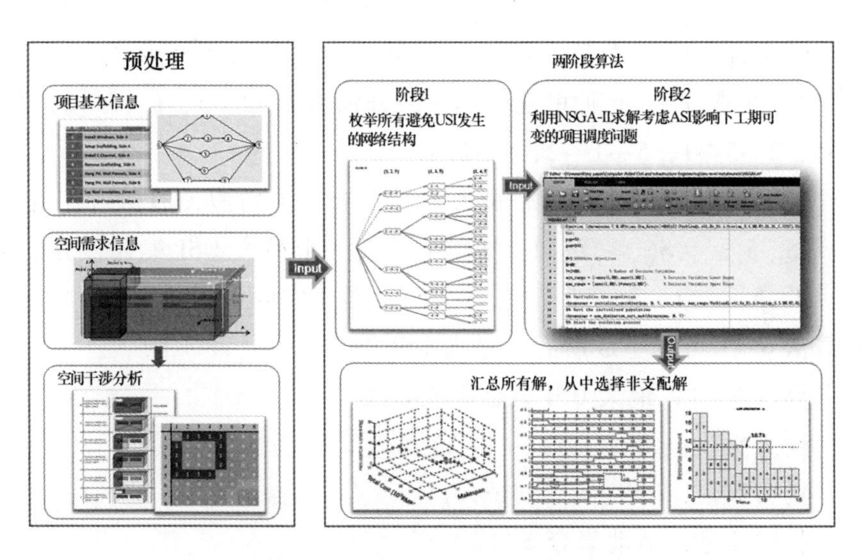

图6－3　两阶段混合算法的流程

二　第一阶段——枚举法

本阶段枚举出避免USI的新工序关系集合，这些新工序关系和原工序关系一起构成新的项目网络。从网络图角度看，即是在原项目网络上添加新的弧。注意必须满足无回路的要求。

首先引入新的概念——“最大 USI 集合”，作为枚举算法的输入参数。

定义最大 USI 集合需满足以下三个条件：

第一，最大 USI 集合是项目活动子集，记为 $S, S \in N$。

第二，最大 USI 集合中任意两个活动之间的作业空间干涉不可接受。

第三，在最大 USI 集合中添加任意其他活动，条件二都不再满足。

由于最大 USI 集合中的所有活动之间不能产生空间干涉，因此必须增添新的工序关系使活动串行执行，即按活动的排列先后执行。若不考虑无回路条件，活动排序一共有 $|S|!$ 种，其中，$|S|$ 表示最大 USI 集合中的活动数。例如，案例 1 中的最大 USI 集合 {1，2，5} 可以生成3！=6 种可能的排序，分别为1→2→5，1→5→2，2→1→5，2→5→1，5→1→2，5→2→1。

一个项目可以存在多个最大 USI 集合，不妨假设有 K 个，定义 $S = \{S_1, S_2, \cdots, S_K\}$。例如，案例 1 涉及三个最大 USI 集合，分别是 {1，2，5}，{1，3，5}，{1，4，5}。基于空间干涉矩阵 $\{B_{ij}\}$，通过算法 6－1 可以生成所有的最大 USI 集合。

算法 6－1：最大 USI 集合生成算法

输入参数：$\{B_{ij}\}$

输出参数：$S = \{S_1, S_2, \cdots, S_K\}$

临时变量：活动集合 S'

初始化：$S = \phi, K = 0$

1：For$i$ = 1：n do

2：$S' := \{i\}$

3：For$j$ = 1：n do

4：If $\{B_{i'j} = 2 \mid \forall\ i' \in S'\}$ then

5：S'：$= S' \cup \{j\}$

6：Else

7：End If

8：End For

9：If $\{S_{k^*} \subseteq S' \mid \exists k^* \in \{1 \cdots K\}, K > 0\}$

10：S_{k^*}：$= S'$

11：Else

12：K：$= K + 1$

13：S_K：$= S'$

14：End If

15：End For

16：Return $S = \{S_1, S_2, \cdots, S_K\}$

得到所有最大 USI 集合 S 之后，采用枚举法（算法 6－2）结合原项目网络信息，依次处理 S 中的各个最大 USI 集合，添加可行的新工序关系。算法 6－2 确保所有最大 USI 集合中的活动不并行，且保证网络中无回路，最终所有可能的新工序关系与原工序关系合并构成一组新的项目网络。具体来说，定义枚举树如图 6－4 所示，从第 1 阶段到第 k 阶段，每一阶段对应一个最大 USI 集合，从中选择可行的活动排列顺序。不妨假设在第 k 阶段，搜索 S_k 中活动的所有可能的排列，并检验加入当前网络后是否产生回路，若满足无回路条件，则在当前网络上添加相应的工序关系；否则，则舍弃该排列。循环以上操作，直到最后一个最大 USI 集合处理完毕，即可获得所有可能的网络结构集合，记为 $\Theta = \{P'_q \mid q = 1 \cdots Q\}$，其中 $P'_q = A_q \cup P$，P 表示原工序关系，A_q 表示新工序关系集合，Q 表示所有可能的项目网络数量。图 6－4 正是案例 1 的枚举树，案例 1 涉及 3 个最大 USI 集合，第一阶段对应集合 {1，2，5}，涉及 6 种可能的排列 1→2→5，1→5→2，2→1→5，2→5→1，5→1→2，5→2→1，且这 6 种排列对应的工序关系是可行的（加入原网络之后不会产生回路）。接着，根据第一阶段的每一种新工序关系，继续在第二阶

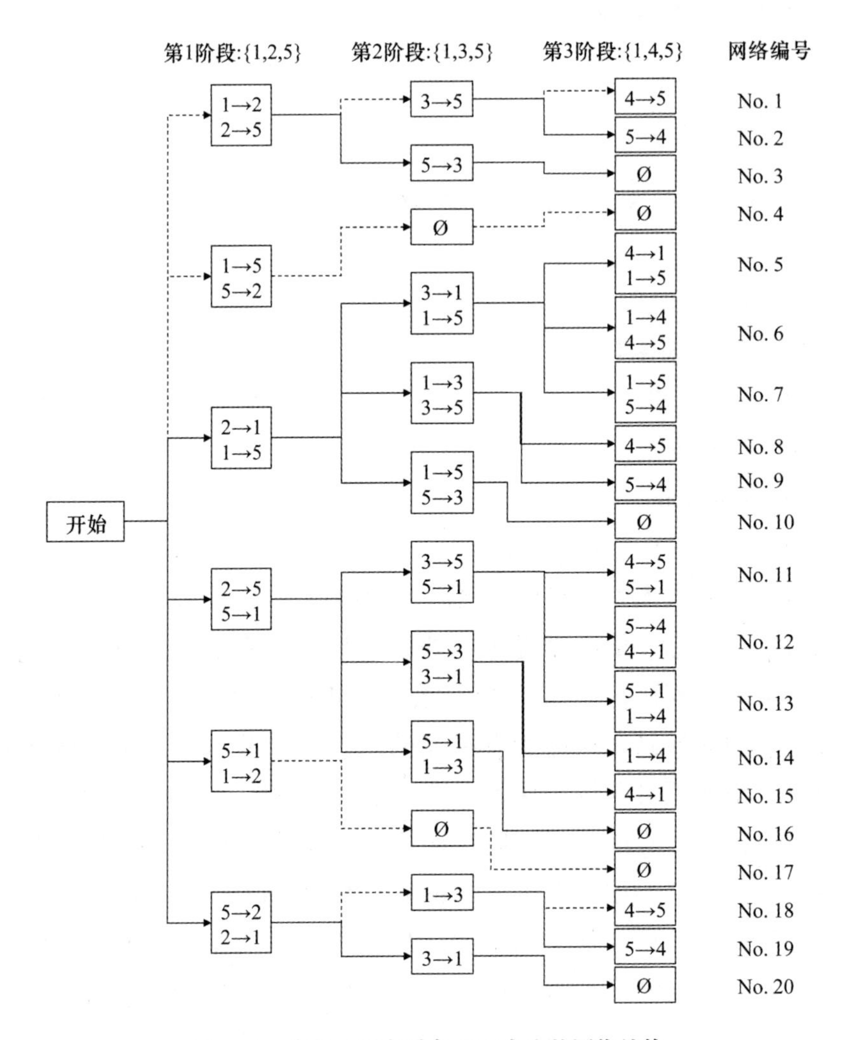

图 6-4 案例 1 所有避免 USI 发生的网络结构

段的集合｛1，3，5｝中搜索可能的新工序关系。例如，在第二阶段，基于工序关系 1→2→5，找到两种可能的新工序，3→5 和 5→3，而其他工序关系都不可行，如工序 5→1 和 1→2→5 矛盾，前者活动 5 是活动 1 的前序工作，后者活动 1 又是活动 5 的前序工作，对应到网络图上即产生了回路。在第二阶段结束时，新产生的工序关系和第一阶段的合并，带入第三阶段。最后，第三阶段的集

合是 {1，4，5}，方法同上。最终，得到 20 种可行的新工序关系集，这些新工序关系集和原项目网络的工序关系合并，构成新的项目网络结构，并且新的网络结构可以确保 USI 活动无法同时执行。例如，图 6－5 分别画出引入第一种和第四种新工序关系集后的项目网络图。

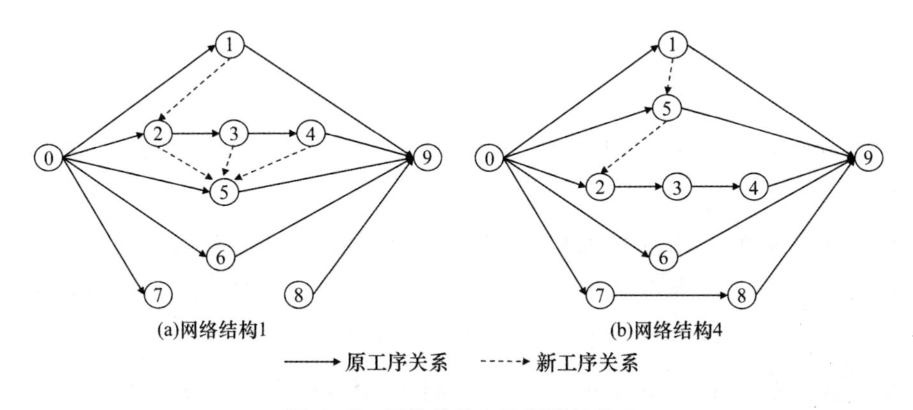

图 6－5　网络结构 1 和网络结构 4

算法 6－2：枚举法

输入参数：$S=\{S_1,S_2,\cdots,S_K\},P,N$

输出参数：$\Theta=\{P'_q \mid q=1,\cdots,Q\}$

临时变量：工序关系集

初始化：$\Theta=\{P\}$，$P'_1=P$，$Q=\|\Theta\|=1$，$k=0$

1：While $k\leqslant K$ do

2：For $q=1:|\Theta|$

3：针对 S_{k+1} 生成所有 $|S_{k+1}|!$ 种活动排列

4：对于每一种排列对应的工序关系 A $P'_q=A_q\cup P$

5：If $P'_q\cup A$ 无回路，$\Theta=\Theta\cup\{P'_q\cup A\}$

6：Else

7：End If

8：End For

9: $\Theta = \Theta / P'_q$

10: End For

11: $k := k + 1$

12: End While

13: Return Θ

三　第二阶段——NSGA-Ⅱ

通过上一阶段介绍的枚举法，可以获得所有可能的避免 USI 发生的新项目网络集合 $\Theta = \{P'_q \mid q = 1, \cdots, Q\}$。进一步地，本阶段考虑 ASI 对作业效率和工期的影响，基于每一个可能的网络结构 P'_q，解决 ASI 影响下工期可变的工程项目调度的多目标优化问题，即与第五章的研究问题基本相同，不同之处在于，本章考虑了其他资源约束，以及工期、成本和资源均衡三个目标。本章利用经典的多目标优化算法 NSGA-Ⅱ求解该问题，利用 NSGA-Ⅱ可以获得基于每个网络结构的非劣解集合，不妨记为 $X(P'_q)$，以及相应的目标函数值[通过公式（6-1）至公式（6-3）计算]。最后，汇总所有网络结构对应的非劣解集，$\{X(P'_q) \mid q = 1, \cdots, Q\}$，并从中选择出非支配解集作为该问题的最优解集。

NSGA-Ⅱ是在遗传算法（Genetic Algorithm，GA）基础上提出的用于解决多目标优化问题的算法，全称为带精英策略的快速非支配排序遗传算法。NSGA-Ⅱ是多目标优化算法中的经典算法之一，从2002年提出至今，NSGA-Ⅱ与其他多目标算法相比展现出了良好的性能，因而在各个领域应用广泛并取得良好的效果。NSGA-Ⅱ的具体流程如图6-6所示。首先，随机产生初始种群，对初始种群进行交叉、变异操作，得到子代种群。将父代种群和子代种群合并，对合并后的种群进行快速非支配排序和拥挤度计算，从中选择合适的个体作为下一代的父代种群。接着，继续传统的交叉、变异操作生成新的子代种群，再合并父代和子代种群，重复以上操作，直到优化问题结束条件满足。这里设定的算法结束条件是循环次数达到最大迭代次数即可返回非支配解集，结束算法。假设 $Maxgen$ 表示最大迭代次数；N_{pop} 表示种群规模。

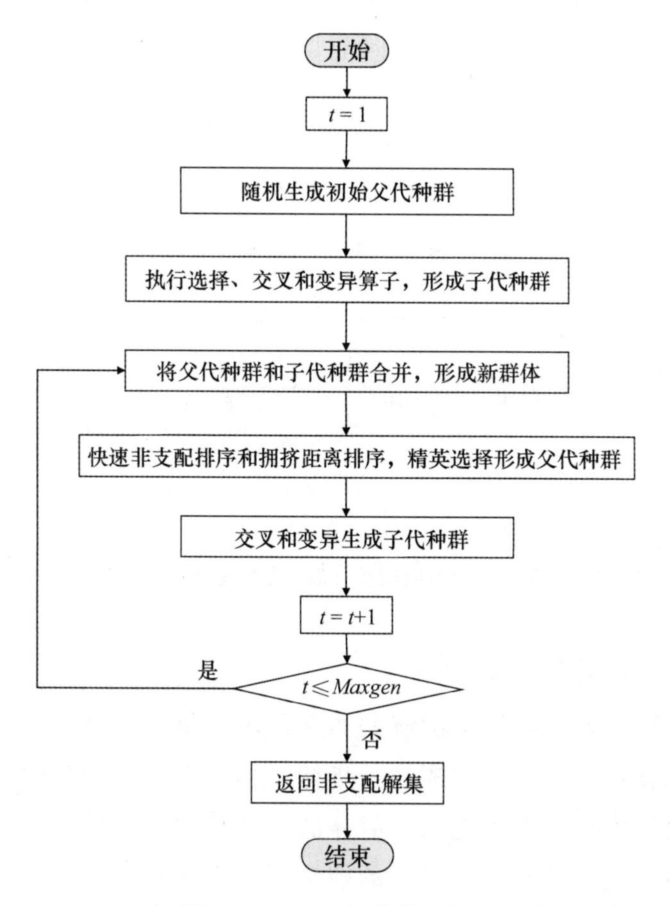

图 6－6　NSGA-Ⅱ的算法流程

下面进一步介绍 NSGA-Ⅱ中关键的三个算子——快速非支配排序算子、拥挤距离排序算子以及精英策略选择算子。

（一）快速非支配排序算子

按照解的非支配水平对种群中的所有解进行分组（分层）。首先找出种群中的非支配解，赋予它们非支配序号为 1，这些解构成第一非支配层 F1。接着，将 F1 中的解从种群中移除，继续从剩下的解中找非支配解，赋予非支配序号 2，并构成第二非支配层 F2。以此类推，直到种群中的所有解都被赋予了非支配序号。如图 6－7 以二维目标空间为例（最小化目标 f_1 和目标 f_2），所有解被划分成四组，在目标空间中形成 F1 至 F4 的四个非支配层。

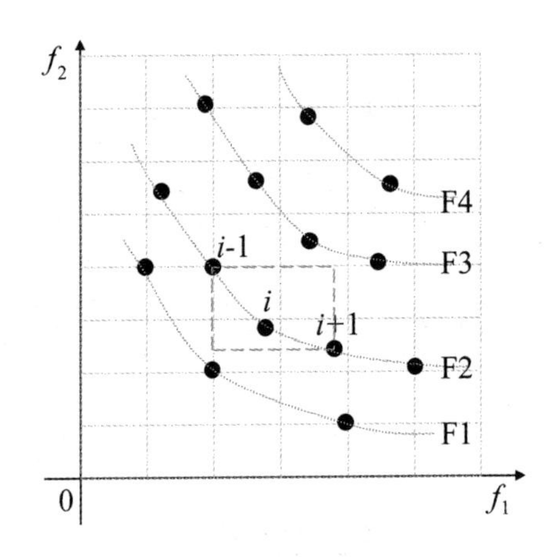

图 6－7　解空间图示（以二维目标空间为例）

（二）拥挤距离排序算子

由于同一非支配层中的解的非支配序号相同，为了对其中的个体进行选择，采用拥挤距离这一指标。从个体在目标空间的分布上看，解之间的拥挤距离越大，群体的多样性越好，因此，优先选择拥挤距离较大的个体。个体 i 的拥挤距离指的是在目标空间中个体与相邻两个体（$i-1$ 和 $i+1$）之间的距离，如图 6－7 所示。具体地，对于同一支配层中的个体，按照某一目标函数值升序排列，以便判断个体与相邻个体。对于边界解（目标值最大和最小的解）的距离设定为一个非常大的正数。对于处于中间的解，其拥挤度距离 L_i 按照公式 $L_i = \sum_{o=1}^{O} \left(\frac{f_{i+1}^{o} - f_{i-1}^{o}}{f_{\max}^{o} - f_{\min}^{o}} \right)$ 计算，假设有 O 个目标，f_{i+1}^{o} 和 f_{i-1}^{o} 分别表示相邻两个体目标 o 的函数值，$f_{\max}^{o}$ 和 $f_{\min}^{o}$ 分别表示目标 o 的最大和最小值。

（三）精英策略选择算子

针对父代和子代种群合并后的群体，根据非支配序号和拥挤距离选择个体形成新的父代种群。首先，初始化父代种群为空集。接着，按非支配序号由低到高依次选择支配层中的个体。先判断加上该非支配层中的个体之后选择的父代个体总数是否超过种群规模。若未超过种群规模，将该非支配层中的所有个体加入父代种群，并对下一支配层继续选择；若超过种群规模，依据该支配层中个体的拥挤度距离由大到小依次选择个体，直到父代种群数量恰好达到种群规模的设定，终止循环。

以上粗略介绍 NSGA-Ⅱ算法流程和关键算子，感兴趣的读者可以查阅相关文献。由于该阶段中针对每一个新项目网络的工程项目调度问题都与第五章研究问题基本相同，因此，该阶段问题的编码方式和解码机制仍然采用第五章介绍的编码方式和解码机制，此处不予赘述。需要说明的是，由于本章增加考虑了其他资源约束，针对这一特点，需要在第五章的解码流程中增加可行性判断。即在判断每个时间段所执行活动的同时，计算资源使用量，并判断是否超过资源限制。若约束满足，同第五章步骤，即继续计算各执行活动的空间干涉程度、计算作业效率以及该时段结束时累计完成的工作量和剩余工作量。接着判断每个执行活动是否完成。但是一旦出现资源约束不满足，则需要设置该解为不可行解，即设置其对应的三个目标取值均为 M（M 是足够大的正数）并停止解码操作。

第三节　案例与计算实验分析

一　算例介绍与参数设置

本章采用两阶段算法求解前文介绍的工程案例 1，工程项目网络以及活动的空间需求在前文已经介绍。空间干涉的可接受性分析和空间干涉矩阵前文已经交代，如图 6－1 和图 6－2 所示。考虑多种活动执行模型，假设每个活动有两种执行模式，对应的人员需求量、计划工期和直接成本见表6－2。员工人数为30人，项目截止日期为25天，设置延迟惩罚成本为1000元/天。算法参数设置见表6－3，参数符号 $Maxgen$ 表示最大迭代次数；N_{pop} 表示种群规模；η_c 表示交叉分布指数；η_m 表示变异分布指数；$Lag_{\max}$ 表示最大延迟时间。实验分析内容包括：分析最优解集；与经验法求解的方案比较分析，以验证模型和算法的有效性。

表6－2　　案例的活动信息

活动编号	空间需求	模式	员工数（人）	计划工期（天）	直接成本（$\times 10^3$元）
1	（4，－5，0，16，0，9）	1	2	8	3.2
		2	4	6	4.8
2	（0，－5，0，40，0，9）	1	5	3	3
		2	10	2	4
3	（0，－5，0，40，0，12）	1	2	2	0.8
		2	5	1	1
4	（0，－5，0，40，0，9）	1	6	2	1.2
		2	8	1	1.6
5	（0，－5，0，10，0，15）	1	6	4	4.8
		2	10	3	6
6	（10，0，12，15，5，15）	1	2	4	0.8
		2	4	3	1.2
7	（10，0，12，40，20，14）	1	4	8	6.4
		2	6	6	7.2
8	（10，0，12，40，20，14）	1	4	8	6.4
		2	6	6	7.2

表 6－3　　算法参数设置

编号	参数	取值
1	$Maxgen$	1000
2	N_{pop}	50
3	η_c	20
4	η_m	20
5	$Lag_{\max}$	30

二　实验结果分析

根据案例 1 的已知参数，执行两阶段算法求解并筛选得到 17 个非支配解。表 6－4 列出了所有非支配解的开始时间、模式选择以及每个活动的实际工期，此外，还列出了解对应的新项目网络编号，即在第一阶段求得避免 USI 发生的网络结构编号，如图 6－4 所示。可以看出，这 17 个最优解的项目网络结构不尽相同。例如，第 1 个最优解的网络结构是 1，如图 6－5 的左图所示；第 12 个最优解的网络结构是 4，如图 6－5 的右图所示。

表 6－4　　非支配解集

编号	网络编号	f^T	f^C	f^R	开始时间	模式选择	持续时间
1	1	15	30.2	44.5	(0, 8, 10, 11, 12, 1, 0, 7)	(1, 2, 2, 2, 2, 1, 2, 1)	(8, 2, 1, 1, 3, 5, 7, 8)
2	1	15	30.6	36	(0, 8, 10, 11, 12, 1, 0, 7)	(1, 2, 2, 2, 2, 2, 2, 1)	(8, 2, 1, 1, 3, 4, 7, 8)
3	2	16	29	44	(0, 8, 10, 15, 11, 1, 0, 7)	(1, 2, 2, 2, 1, 1, 2, 1)	(8, 2, 1, 1, 4, 5, 7, 8)
4	1	16	29.2	42	(0, 8, 11, 12, 13, 1, 0, 7)	(1, 1, 2, 2, 2, 1, 2, 1)	(8, 3, 1, 1, 3, 5, 7, 8)

续表

编号	网络编号	f^T	f^C	f^R	开始时间	模式选择	持续时间
5	2	16	29.4	39	(0, 8, 10, 15, 11, 1, 0, 7)	(1, 2, 2, 2, 1, 2, 2, 1)	(8, 2, 1, 1, 4, 4, 7, 8)
6	1	16	29.6	37	(0, 8, 11, 12, 13, 1, 0, 7)	(1, 1, 2, 2, 2, 2, 2, 1)	(8, 3, 1, 1, 3, 4, 7, 8)
7	16	17	28.2	51.6	(6, 0, 14, 16, 3, 9, 0, 8)	(1, 1, 1, 2, 2, 1, 1, 1)	(8, 3, 2, 1, 3, 5, 8, 9)
8	1	17	28.4	46.6	(0, 8, 11, 12, 14, 1, 0, 9)	(1, 1, 2, 1, 2, 2, 1, 1)	(8, 3, 1, 2, 3, 4, 9, 8)
9	1	17	28.8	35.9	(0, 8, 11, 12, 14, 1, 0, 7)	(1, 1, 2, 1, 2, 1, 2, 1)	(8, 3, 1, 2, 3, 5, 7, 8)
10	1	17	29	35.5	(0, 8, 11, 13, 14, 1, 0, 7)	(1, 1, 1, 2, 2, 1, 2, 1)	(8, 3, 2, 1, 3, 5, 7, 8)
11	1	17	29.2	30.5	(0, 8, 11, 12, 14, 1, 0, 7)	(1, 1, 2, 2, 2, 1, 2, 1)	(8, 3, 1, 1, 3, 5, 7, 8)
12	4	18	28	13.3	(0, 13, 16, 17, 8, 1, 0, 7)	(1, 1, 2, 2, 1, 1, 2, 1)	(8, 3, 1, 1, 4, 5, 7, 8)
13	2	19	26.6	37.4	(0, 8, 11, 17, 13, 1, 1, 10)	(1, 1, 1, 1, 1, 1, 1, 1)	(8, 3, 2, 2, 4, 5, 9, 8)
14	1	19	28.6	12	(0, 8, 11, 13, 16, 1, 0, 7)	(1, 1, 1, 1, 2, 1, 2, 1)	(8, 3, 2, 2, 3, 5, 7, 8)
15	2	20	26.6	35.4	(0, 8, 12, 18, 14, 1, 0, 9)	(1, 1, 1, 1, 1, 1, 1, 1)	(8, 3, 2, 2, 4, 5, 9, 8)
16	3	21	26.6	33.1	(0, 9, 17, 19, 13, 0, 1, 10)	(1, 1, 1, 1, 1, 1, 1, 1)	(8, 3, 2, 2, 4, 5, 9, 8)
17	3	22	26.6	29.8	(0, 10, 18, 20, 14, 0, 0, 9)	(1, 1, 1, 1, 1, 1, 1, 1)	(8, 3, 2, 2, 4, 5, 9, 8)

由于作业效率和活动持续时间均受空间干涉的影响，而非固定值，用活动作业效率曲线可以体现各活动的开始和结束时间，以及

作业效率随着时间的变化情况。例如，图 6 - 8 绘出方案 1 中各个活动的作业效率曲线，可以看出，大多数活动作业效率未受空间干涉的影响，这是由于重构网络避免了 USI 发生。只有活动 6 和活动 7 因轻微干涉而产生了作业效率的波动。其中，活动 7 的开始时间为 0，持续时间为 7；活动 6 的开始时间为 1，持续时间为 5。活动 6 和活动 7 在时段 2 至时段 6 重叠，产生一定程度的空间干涉，从而影响两者的作业效率，在时段（4，9）活动 6 的作业效率从 1 降到 0.97，而活动 7 的作业效率在该时段从 1 降到 0.82。

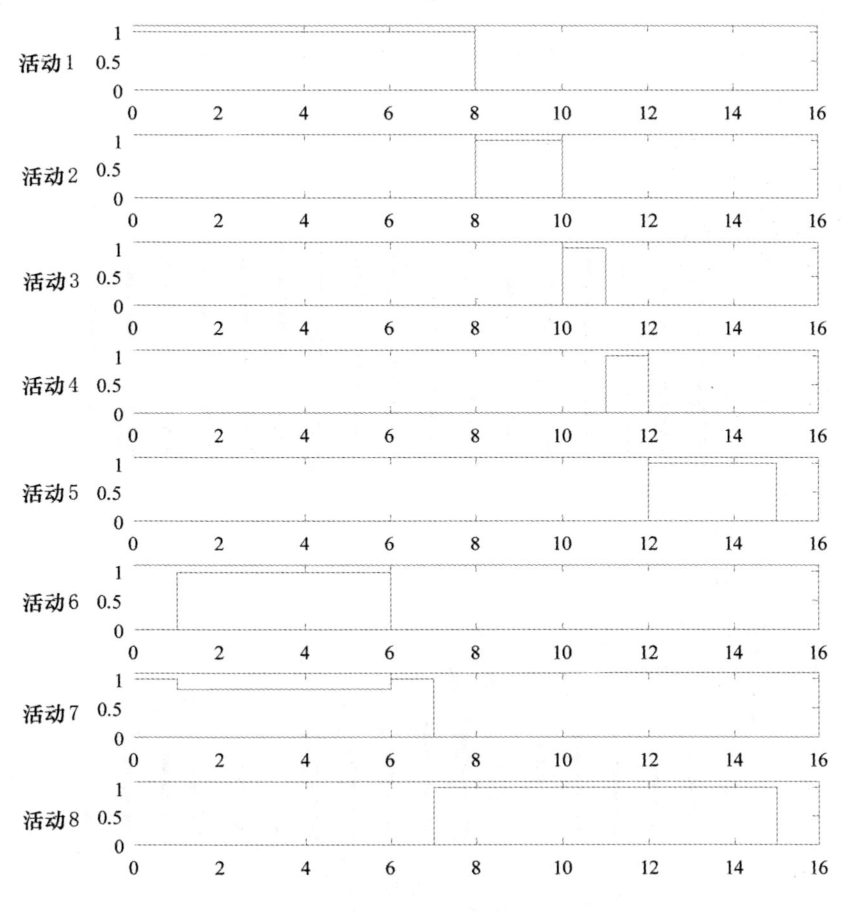

图 6 - 8　方案 1 的各活动作业效率曲线

为了验证本章提出的模型和方法，将得到的最优解与经验法得到的方案比较。经验法根据活动编号采用基于正向调度的方法依次安排活动的开始时间，即在资源限制条件满足的情况下，尽早安排活动开始，并且判断任何空间干涉是否发生，若发生则延迟活动开始时间直至无空间干涉。为了方便比较，保持 18 个最优解的模式选择不变，采用上述经验法重新计算调度方案和相应的目标值，对比两阶段启发式算法的目标值。图 6－9 展示了两种方法在项目工期目标和资源均衡目标上的变化。值得说明的是，由于模式选择保持不变，两种方法得到的方案的成本目标相同。图 6－9 中的横坐标表示方案编号，纵坐标表示工期和资源均衡度两个目标值。可以看出，

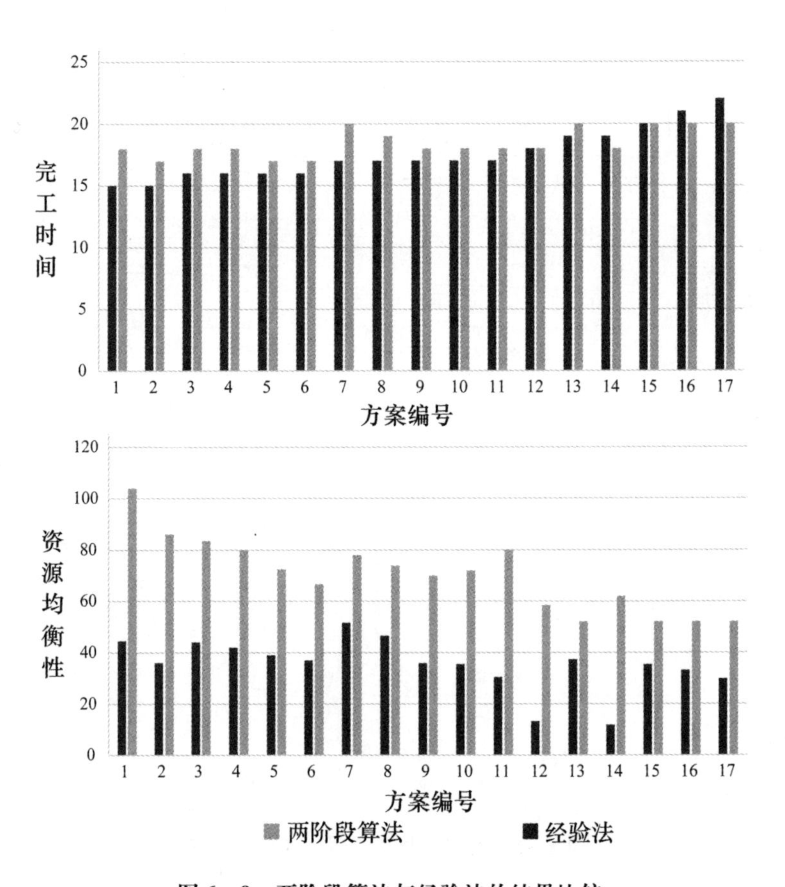

图 6－9　两阶段算法与经验法的结果比较

在大多数情况下两阶段算法得到的方案比经验法得到的方案工期更短且资源均衡性更好。据统计，经验法得到的方案工期延长约6%，最大延长17%；资源波动性平均增加114%，最大增幅竟高达400%。因此，相比经验法，两阶段算法不仅可以在一定程度上缩短工期，而且在保持资源使用量的均衡方面具有显著的效果。

第四节　本章小结

本章在前文的基础之上，进一步思考，从管理的角度将空间干涉分为ASI和USI两类。研究如何安排工程活动的执行时间和模式选择，使其满足工序和资源限制约束，不仅需要避免USI发生，还要考虑ASI对活动作业效率和工期的影响，以达到项目工期、成本以及资源均衡最小化的目标。为了避免USI发生，减轻ASI的影响，建立了多目标非线性整数规划模型。在数学模型中，引入新的工序约束条件来避免USI发生，引入ASI影响下的作业效率函数和活动持续时间计算公式。进一步，提出了由枚举法和NSGA-Ⅱ算法构成的两阶段混合算法来求解模型。在第一阶段，通过枚举法得到所有避免USI发生的新网络集合。在第二阶段，对每一个新的项目网络结构，基于第五章介绍的相对延迟时间编码方式和解码机制，采用NSGA-Ⅱ算法求解考虑ASI影响的多目标工程项目调度问题。最后，通过一个工程施工案例验证方法的有效性。实验结果表明，该方法能有效地避免USI的发生，并控制ASI对项目工期的影响。与传统的经验方法相比，两阶段混合算法求得的调度方案的工期更短且资源均衡度大幅提升。

第七章

考虑施工位置—空间双重属性的工程项目调度问题

与其他项目活动相比，工程活动的一个重要特征是其施工场地往往分布于不同的地理位置，这就引起工程活动间的资源转移问题。尤其，当施工场地距离很远或者设备巨大、移动困难时，资源在施工地点之间的转移时间和成本不仅不能忽略，而且对工程项目调度方案有一定的影响。事实上，减少资源转移的时间和成本不仅有利于资源利用，而且可以保持资源作业流的连续性。本章同时考虑活动施工场地所在的位置和所需空间，即位置—空间双重属性，将资源转移时间和转移成本纳入传统的资源受限项目调度基本问题范畴，同时以项目工期、成本和空间干涉程度为目标，建立多目标数学模型。针对问题的特点，提出融合类电磁机制的改进 NSGA-Ⅱ算法求解该问题，设计两阶段解码方式，包含第一阶段基于 SSS 的初步调度方案生成机制，以及第二阶段基于转移成本优先的资源分配规则和调度方案调整机制。在案例研究中，通过一个重复性工程案例验证问题和模型的有效性，比较发现考虑位置—空间双重属性的工程项目调度问题得到的解能更合理地分配资源作业流，同时减少空间干涉的发生。

第一节　问题描述与模型构建

本章研究的问题旨在确定活动的执行时间、执行模式以及资源作业流分配方案（资源按顺序作业活动形成的路径），满足活动工序约束、资源有限性约束、资源作业流约束等，以达到最小化项目完工时间、总成本以及空间干涉程度三个目标。本章研究基于以下假设：第一，已知每一活动的施工位置，有限的资源在不同施工位置之间转移需要转移时间和转移成本；第二，活动的紧前活动都被完成且活动所需的资源到达作业点时，活动才允许开始；第三，活动一旦开始便不可被打断，活动持续时间已知且为定值；第四，假设活动可以有多种执行模式。

采用 AON 项目网络，记为项目 $G=\{N,A\}$。节点集合 $N=\{0,1,\cdots,n,n+1\}$ 表示项目活动，0 和 $n+1$ 分别为虚拟的开始和结束活动。紧前活动集合 $P_i \subset N$ 表示活动之间的工序关系，若 j 是 i 的紧前活动，则 $j \in P_i$；否则，$j \notin P_i$。每个活动可选的执行模式集合为 $M_i=\{1,\cdots,|M_i|\}$，$m \in M_i$。假设工程需要的可更新资源种类集合为 $K=\{1,\cdots,|K|\}$，$k \in K$。每一类型的资源集合为 $R_k=\{1,\cdots,|R_k|\}$，$r \in R_k$。项目计划期离散化为时间段集合为 $T=\{1,\cdots,|T|\}$，由 $|T|$ 个单位时段构成，索引变量 $t \in T$。建立工程现场空间的三维坐标系 O-xyz，活动所需空间均定义在该坐标系下。模型涉及的其他参数与变量符号定义见表 7-1。

表 7-1　参数与变量符号定义

符号		定义
已知参数	D_{im}	执行模式 m 下活动 i 的工期
	R_{imk}	执行模式 m 下活动 i 所需资源 k 的数量

续表

符号		定义
已知参数	C_{im}	执行模式 m 下活动 i 的直接成本
	δ_{ij}^k	每单位资源 k 从活动 i 的作业场地转移到活动 j 所需时间
	σ_{ij}^k	每单位资源 k 从活动 i 的作业场地转移到活动 j 所需成本
	C^P	每延迟一单位时间的惩罚成本
	$T^{deadline}$	项目截止时间
	Ω_i	执行活动 i 时所需的空间
	v_k	每单位资源 k 所占用的空间体积
	$v(\Omega)$	活动 i 时所需的空间体积
	M	任意大的正数
变量	F	目标向量
	f^1	项目完工时间
	f^2	项目总成本
	f^3	总空间干涉程度
	s_i	活动 i 的开始执行时间
	t_i^{kr}	类型 k 的资源 r 到达活动 i 的时间
	ρ_i	活动 i 作业空间的资源密度
	I_i	活动 i 的空间干涉程度
	$x_{im} \in \{0,1\}$	当活动 i 按模式 m 执行时，$x_{im} = 1$；否则，$x_{im} = 0$
	$y_{ij}^{kr} \in \{0,1\}$	当类型 k 的资源 r 在执行活动 i 之后紧接着执行活动 j，$y_{ij}^{kr} = 1$；否则，$y_{ij}^{kr} = 0$
	$z_{it} \in \{0,1\}$	当时段 t 上活动 i 正在执行，$z_{it} = 1$；否则，$z_{it} = 0$

值得说明的是，表 7－1 中的参数 δ_{0j}^k 和 σ_{0j}^k 分别表示资源 k 从初始位置转移至任意活动 j 施工位置的时间和成本。项目完工时间是指所有活动完成的时间，无须考虑资源返回，因此令 $\delta_{i,n+1}^k = 0$，$\sigma_{i,n+1}^k = 0$。令开始活动和结束活动的资源需求量为资源容量，$R_{0,k} = R_{n+1,k} = |R_{0,k}|$，以此确保每个资源作业流从 0 活动开始至 $n+1$ 活动结束。基于以上符号定义，建立数学模型［M7－1］。

[M7 - 1]:

$$\min \quad \mathbf{F} = (f^1, f^2, f^3)$$

$$f^1 = s_{n+1} \tag{7-1}$$

$$f^2 = \sum_{i,m \in M_i} x_{im} \cdot C_{im} + C^P \cdot \max\{f^T - T^{deadline}, 0\} + \sum_{r \in R_k} \sigma_{ij}^k \cdot y_{ij}^{kr} \tag{7-2}$$

$$f^3 = \sum_i I_i \tag{7-3}$$

$$\text{s.t.} \quad I_i = \sum_{i' \in N \setminus i} \left(\rho_{i'} \cdot v(\Omega_i \cap \Omega_{i'}) \left(\sum_t z_{it} \cdot z_{i't} \right) \right), \forall i \tag{7-4}$$

$$\rho_i = \frac{\sum_k \left(\sum_{i,m \in M_i} x_{im} \cdot R_{imk} \right) \cdot v_k}{v(\Omega_i)} \tag{7-5}$$

$$\sum_m x_{im} = 1, \forall i \tag{7-6}$$

$$\sum_j y_{0j}^{kr} = \sum_j y_{j,n+1}^{kr} = 1, \forall k, r \tag{7-7}$$

$$\sum_j y_{ij}^{kr} = \sum_j y_{ji}^{kr}, \forall i \in N \setminus \{0, n+1\}, k \in R \tag{7-8}$$

$$z_{it} = \begin{cases} 1, if\ s_i < t \leqslant s_i + \sum_m x_{im} \cdot D_{im} \\ 0, otherwise \end{cases}, \forall i, t \tag{7-9}$$

$$\left(s_i + \sum_m x_{im} \cdot D_{im} \right) \leqslant s_j, \forall i \in P_j, j \in N \tag{7-10}$$

$$\left(s_i + \sum_m x_{im} \cdot D_{im} \right) + \delta_{ij}^k - (1 - y_{ij}^{kr}) \cdot M \leqslant t_j^{kr}, \forall i, j, k, r \tag{7-11}$$

$$\left(s_i + \sum_m x_{im} \cdot D_{im} \right) + \delta_{ij}^k + (1 - y_{ij}^{kr}) \cdot M \geqslant t_j^{kr}, \forall i, j, k, r \tag{7-12}$$

$$t_i^{kr} \leqslant s_i, \forall k, r \tag{7-13}$$

$$\sum_r \sum_j y_{ij}^{kr} = \sum_m x_{jm} \cdot R_{imk}, \forall i \in N \setminus \{0, n+1\}, k \tag{7-14}$$

$$x_{im}, y_{ij}^{kr}, z_{it} = \{0,1\}, \forall i,j,m,k,r,t \tag{7-15}$$

$$s_i, t_i^{kr} \in T, \forall i,k,r \tag{7-16}$$

模型旨在最小化三个目标：项目完工时间、总成本、空间干涉程度。目标公式（7-1）计算项目完工时间，即结束活动的开始时间。目标公式（7-2）计算总成本，包括三个部分：直接成本、间接成本、资源转移成本。其中，直接成本与间接成本的计算方式与第六章相同，新增一项成本 $\sum_{r \in R_k} \sigma_{ij}^{k} \cdot y_{ij}^{kr}$ 计算的是资源转移成本，表示所有资源从某一前序活动转移至后续活动作业点的转移成本总和。目标公式（7-3）计算总空间干涉程度，即活动的空间干涉程度之和。每个活动的空间干涉程度的计算公式为公式（7-4）和公式（7-5），具体含义参见第三章介绍。公式（7-6）表示每个活动只能且必须选择一种执行模式。公式（7-7）要求所有资源从活动0出发，在活动 $n+1$ 结束。公式（7-8）确保活动上的资源流入与流出的平衡。公式（7-7）和公式（7-8）使得每一资源作业流是由部分活动构成的从0活动开始到 $n+1$ 活动结束的活动链。值得注意的是，并非每个资源都投入使用，当某一资源的作业流直接从活动0开始到活动 $n+1$ 结束而没有经过其他活动，则表示该资源并未用于项目。公式（7-9）定义变量 z_{it}，当时间段 t 在活动开始到活动结束时间的区间 $\left(s_i, s_i + \sum_m x_{im} \cdot D_{im}\right)$ 上时，则活动 i 在时间段 t 上正在执行，记为 $z_{it} = 1$；反之为0。公式（7-10）表示工序约束。约束公式（7-11）和约束公式（7-12）描述了活动开始时间和资源到达时间的关系。当活动 i 和活动 j 由同一资源按顺序先后作业时 $y_{ij}^{kr} = 1$，资源完成上一个活动 i 后转移到当前活动 j 的时间 $\left(s_i + \sum_m x_{im} \cdot D_{im}\right) + \delta_{ij}^{k}$ 应等于资源到达活动 j 的时间 t_j^{kr}。约束公式（7-13）要求所需资源到达时间应不大于活动开始时间，即满足第二条假设。约束公式（7-14）要求活动所需资源量必须得到满足。约束公式（7-15）和约束公式（7-16）分别指定0/1决策变量和非负整数变量的取值范围。

第二节　改进的 NSGA-Ⅱ算法

本节结合类电磁机制（Electromagnetism-like Mechanism，EM），对传统的 NSGA-Ⅱ算法加以改进，并设计编码和解码机制求解问题。下面首先介绍编码和解码机制，接着介绍 EM 以及融合 EM 后改进的 NSGA-Ⅱ。

一　编码与解码机制

本章采用实数编码的方式，编码是由 $2n$ 个元素构成的向量，其中前 n 个元素表示活动权重向量，令 $PL = (x_1, \cdots, x_n)$；后 n 个元素可转换成模式选择，令 $ML = (x_{n+1}, \cdots, x_{2n})$。具体来说，任意一个元素 x_i 对应模式选择值为 m_i，则 $m_i = \begin{cases} 1, if\ x_i < 1 \\ |M_i|, if\ x_i > |M_i| \\ round(x_i), else \end{cases}$，其中 $|M_i|$ 表示对应活动的可选模式数量。

设计两阶段的解码方式，将实数编码 x 映射为解空间中的一个解（决策方案）。第一阶段生成考虑资源限制的活动初步调度方案，第二阶段利用贪婪准则进行资源分配（转移成本优先），并基于资源分配方案对第一阶段的初步调度方案进行再调整。

第一阶段：活动初步调度。假设 $s_i', i \in N$ 为初步确定的活动 i 的开始时间。第一阶段求解的问题是传统的多模式 RCPSP。首先，根据模式列表确定每个活动所选的模式（$\{m_i\}$），确定活动持续时间、资源需求、直接成本参数，从而将多模式问题转化为单一模式；接着根据权重列表，采用串行调度方案生成机制（SSS）确定活动的开始时间（Wang 和 Fang，2012）。SSS 执行时做 n 次迭代，每次迭代都要从备选活动集合中选择权重最大的活动，确定该活动的开始作业时间。其中，开始时间的确定根据“满足资源约束，尽早开始”的原则。分配了开始时间的活动从备选活动集合中移除，放进已完成调度的活动集合。备选活动集合包含的活动本身没有分配开始时间，但其紧前活动都已经完成时间分配。这样每一次循环迭代都会给一个活动分配开始时间，当 n 次迭代完成之后，所有活动的开始时间都确定，初步调度完成。

基于 SSS 的初步调度方案生成机制的伪代码如算法 7-1 所示。符号含义参见表 7-1，补充说明新增符号：H_g 表示第 g 次迭代的备选活动集合；B_g 表示第 g 次迭代的已完成调度的活动集合，$g \in \{1,\cdots,n\}$；$\overline{R}_{kt}$ 表示时段 t 上的剩余资源数量；D_i 表示活动 i 的工期；R_{ik} 表示执行活动 i 时的第 k 类资源需求量；S_i 表示活动 i 的紧后活动集合；s_i^E 表示活动 i 的最早开始时间。

算法 7-1：初步调度方案生成算法

输入参数：$S_i, |R_k|, R_{imk}, D_{im}, PL = (x_1, \cdots, x_n), ML = (1, \cdots, m_n)$

输出参数：初步调度方案：s_i'

初始化：$R_{ik} = R_i = R_{i,m,k}, D_i = D_{im}, \forall i \in N, B_0 = \{0\}, s_0' = 0, H_1 = S_0, \overline{R}_{kt} = |R_k|$

1：For $g = 1:n$ Do

2：在备选活动集合中选择一个活动 i^* 满足：$x_{i^*} = \max(x_i)$，$\forall i \in H_g$

3：确定活动 i^* 的最早开始时间：$s_{i^*}^E = \max\{s_i' + D_i \mid i \in P_i\}$

4：确定活动 i^* 的开始时间：$s_{i^*} = \min\{t \geq s_{i^*}^E \mid \overline{R}_{kt} - R_{i^*k} \geq 0, \tau \in \{t, \cdots, t + D_i^* - 1\}\}$

5：更新 $\overline{R}_{kt}$，$B_0 = B_0 \cup \{i^*\}$ 和 $H_g = H_g \cup S_{i^*}$

6：End For

7：Return s_i'

第二阶段：资源分配与项目调度计划方案调整。基于初步调度方案，本阶段考虑资源转移时间，调整项目调度计划方案并确定每个资源的作业流。第二阶段的伪代码如算法 7 - 2 所示。本阶段同样迭代 n 次，每次选择一个活动对其进行资源分配，计算资源抵达时间并调整活动的开始时间。活动选择按照初步调度方案中“开始时间越早优先选择”的原则，即按照开始时间升序选择。资源分配时通过比较所有可用资源的转移成本，采用“转移成本越小优先配置”的原则，逐步将资源分配给当前活动，直到活动所需的资源全部满足为止。活动调整后的开始时间（s_i）等于初步开始时间与所配置资源的到达时间（等于资源作业的上一个活动的完成时间加转移时间）的最大值，即资源最晚到达时间（见算法 7 - 2 的步骤 9）。这里补充说明符号：∂_{ik} 表示分配给活动 i 的第 k 类资源；$L(k,r)$ 表示第 k 类资源 r 当前作业的活动编号，初始化 $L(k,r) = 0, \forall r \in R_k$, $k \in K$。

算法 7 - 2：资源分配与项目调度计划方案调整

输入：$s_i', \sigma_{ij}^k, \delta_{ij}^k, R_{ik}, D_i$

输出：活动开始时间 s_i

分配作业活动 i 的资源集合 ∂_{ik}

初始化：$L(k,r) = 0, \forall r \in R_k, k \in K$

$\partial_{ik} = \phi, s_i = s_i', \forall i,k$

$q(i) = i, i = 1,2,\cdots,n$

1：根据 $s_{q(i)}'$ 升序重新排列得到 $q(i), i = 1,2,\cdots,n$

2：For $g = 1:n$ Do

3：$i^* = q(g)$

4：For $k = 1:|K|$ Do

5：$o(r) = r$，根据升序重新排列 $\sigma_{L(k,o(r)),i^*}^k$ 得到 $o(r), r = 1, 2,\cdots,|R_k|$

6：For $r = 1:|R_k|$ Do

7：$r^* = o(r)$

8：$\partial_{i^*k} = \partial_{i^*k} \cup r^*$

9: $s_{i^*}' = \max\{s_{i^*}, s'_{L(k,r^*)} + D_{L(k,r^*)} + \delta^k_{L(k,r^*),i^*}\}$

10: End For

11: End For

12: End For

通过依次执行以上两阶段算法，任意一个编码则可以解码为该问题的一个可行解。接着通过公式（7－1）至公式（7－5）计算出三个目标值。

二　EM

Birbil 和 Fang（2003）首次提出 EM 算法模拟电磁场中带电粒子的相互吸引—排斥的现象。EM 算法是将每个解视为解空间中的一个带电粒子所在位置。粒子的电荷与目标值有关，目标值越优，粒子所带的电荷数越大，产生的磁场效应越强，即引力/斥力作用越强。任意两粒子之间会产生吸引或排斥力，目标值较优的粒子会对另一个目标值较劣的粒子产生吸引力，使得目标值较劣的粒子偏向目标值较优的粒子；相反，目标值较劣的粒子会对目标值较优的粒子产生排斥力，使得目标值较优的粒子偏离目标值较劣的粒子（Rocha 和 Fernandes，2009；Zamani，2013；Xiao 等，2016）。

由于本章研究的是同时最小化三个目标的多目标优化问题，基于以上基本思想，将 EM 拓展应用于多目标优化问题。基于上一节介绍的编码方式，粒子是由 $2n$ 个元素构成的向量，$x = (x_1, \cdots, x_n, x_{n+1}, \cdots, x_{2n})$，$\forall x_i, i \in \{1, 2, \cdots, 2n\}$。任意两粒子 x_1 与 x_2 之间的相互作用力如图 7－1 所示。

当粒子 x_1 占优于 x_2 时（即，$x_1 < x_2$），x_1 对 x_2 产生引力，x_2 向着 x_1 移动至 x_2'；相反，x_2 对 x_1 产生斥力，x_1 背着 x_2 移动至 x_1'。粒子所带的电荷数决定了其对其他粒子的作用力，以及作用力影响下移动的步长。公式（7－17）为电荷量计算公式，具体表示为两个粒子的目标函数值之差的加权求和（Xiao 等，2016）。其中，χ_k 为第 k 个目

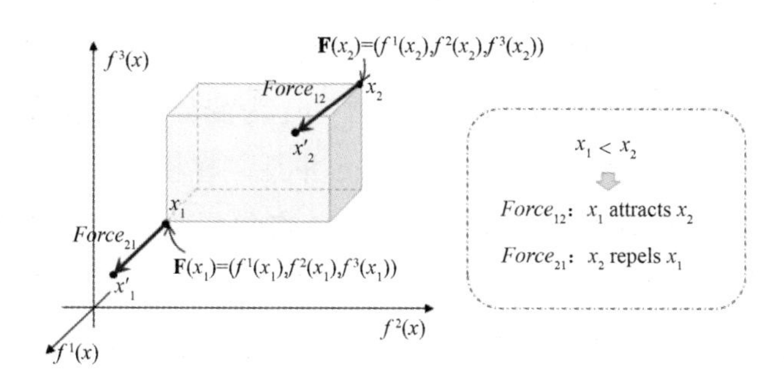

图 7－1　粒子之间的相互作用力

标的权重，$\sum_{k=1}^{3} \chi_k = 1$。函数 $\min(f^k)$ 和 $\max(f^k)$ 分别表示第 k 个目标的最小值和最大值。显然 $q_{21} = -q_{12}$。

$$q_{12} = \sum_{k=1}^{3} \chi_k \cdot \frac{f^k(x_1) - f^k(x_2)}{\max(f^k) - \min(f^k)} \tag{7-17}$$

在电磁力的影响作用下，带电粒子将移动至新的位置，即新的解 x_1' 和 x_2'。新粒子向量中的每一位元素的计算式为公式（7－18）。其中，x_{hi} 和 x'_{hi} 分别表示粒子原位置和新位置的第 h 个元素取值。ω 表示电磁影响系数。符号 $rand$ 表示在区间［0，1］里任意取值的随机数。随机数保持电磁力的方向不变（吸引则接近，排斥则远离），使电磁力影响在各维度上变化具有一定的随机性。

$$x'_{hi} = x_{hi} + rand \cdot \omega \cdot q_{12} \cdot (x_{h2} - x_{h1}), h \in \{1, \cdots, 2n\}, i \in \{1,2\} \tag{7-18}$$

三　改进的 NSGA-Ⅱ流程

NSGA-Ⅱ是在遗传算法基础上改进的多目标优化算法，在前文已经介绍，此处不予赘述。这里考虑将上文介绍的 EM 融入 NSGA-Ⅱ的交叉算子中，称为 NSGAⅡ-EM，总体流程见算法 7－3。首先随机生成初始种群，种群规模为 N_{pop}。对初始种群进行解码和非支配排序。算法执行 $Maxgen$ 次循环，在每次迭代中，首先通过二进制锦标赛法则从当前种群中选择个体进行交叉和变异操作，生成子代种群。由于采用实数编码方法，选择常用的模拟二进制交叉算子和多项式变异算子，令 η_c 为交叉分布指数，η_m 为变异分布指数（Deb 等，2002；Raghuwanshi 和 Kakde，2004）。并且，在模拟二进制交叉算子（简称 SBX）的基础上融入 EM。接着，将父代与子代种群合并，进行非支配排序，并通过拥挤度计算和精英选择算子选出 N_{pop} 个个体，组成新的父代种群。继续循环上述操作，直到迭代次数达到 $Maxgen$ 次，算法终止。

算法 7－3：NSGA Ⅱ-EM

输入：$Maxgen, N_{pop}, \eta_c, \eta_m$

输出：Pareto 解集

初始化：随机生成初始种群

令 g：=0

1：对初始种群进行解码

2：对初始种群进行非支配排序，初始化每个个体的 rank 值

3：While $g \leqslant Maxgen$ Do

4：通过二进制锦标赛法则从中选择个体进行交叉、变异生成子代种群

5：对子代种群进行解码

6：合并父代种群和子代种群

7：非支配排序，并通过拥挤度计算和精英选择算子选出 N_{pop} 个个体，组成新的父代种群

8：g：=g＋1

9：End While

关于 NSGA-Ⅱ的主要算子，如快速非支配排序、拥挤度计算、精英选择算子等的具体介绍参见第六章第二节。这里重点介绍如何将 EM 融合到 SBX 中，称为 SB/EMX。对于任意两个父代个体 x_1 和 x_2，先判断它们的支配性。如果一方支配另一方，则采用 EM 生成两个新的子代个体，具体参见本章第二节的介绍；否则，执行 SBX

算子，具体流程见算法 7 - 4。

算法 7 - 4：SB/EMX

Input：父代个体 x_1 和 x_2，交叉分布指数 η_c

Output：子代个体 x_1' 和 x_2'

1：If $x_1 < x_2 \| x_1 > x_2$（EM 算子）

$$2: q_{12} = \sum_{k=1}^{3} \chi_k \cdot \frac{f^k(x_1) - f^k(x_2)}{\max(f^k) - \min(f^k)} \tag{7-19}$$

3：For $h = 1:2n$ Do

4：随机生成［0，1］之间的随机数 $rand_1$

$$5: x'_{hi} = x_{hi} + rand_1 \cdot \omega \cdot q_{12} \cdot (x_{h2} - x_{h1}), i \in \{1,2\} \tag{7-20}$$

6：End For

7：Else（SBX 算子）

8：For $h = 1:2n$ Do

9：随机生成［0，1］之间的随机数 $rand_2$

10：If $rand_2 \leqslant 0.5$

$$11: \beta = (2\, rand_2)^{\frac{1}{\eta_c+1}}$$

12：Else

$$13: \beta = \frac{\text{Else}}{[2(1 - rand_2)]^{\frac{1}{\eta_c+1}}}$$

14：End If

$$15: x'_{h1} = \frac{1}{2}\left[(1+\beta)\, x_{h1} + (1-\beta)\, x_{h2}\right]$$

$$16: x'_{h2} = \frac{1}{2}\left[(1-\beta)\, x_{h1} + (1+\beta)\, x_{h2}\right]$$

17：End For

18：End If

第三节　案例与计算实验分析

一　案例介绍与参数设置

本章研究一个多层建筑的装饰工程案例，该案例是一个重复性工程项目，即工程是由诸多相同或相似的单元构成的。该多层建筑共3层、15个房间，每个房间的编号、位置以及规格大小如图7-2所示。每个房间的装饰由9个活动构成，活动信息见表7-2。假设

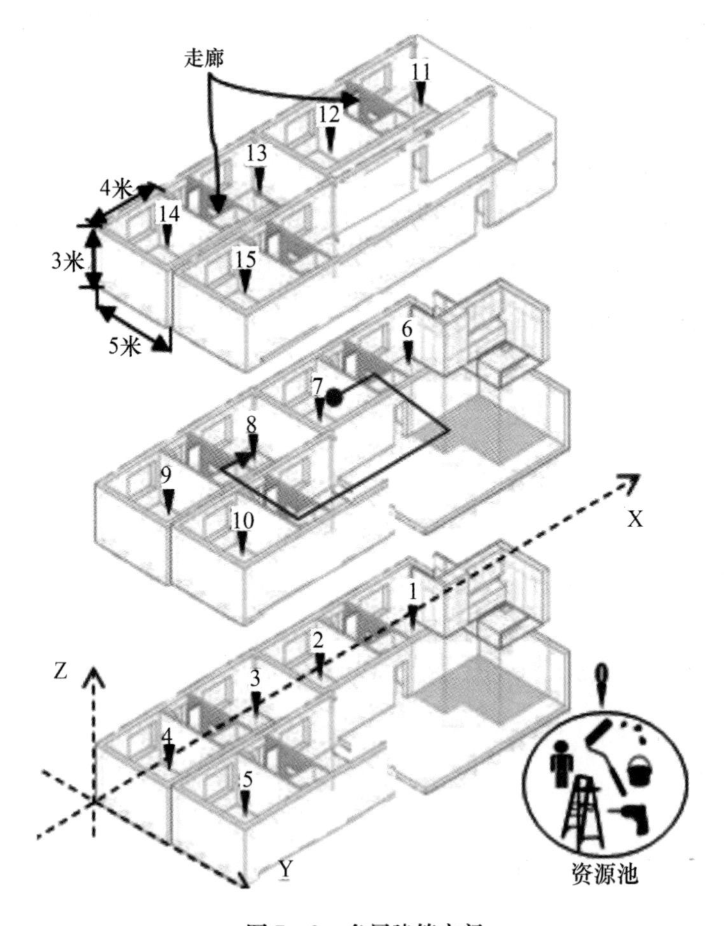

图7-2　多层建筑空间

房间装修没有既定次序，不同房间的装修活动可以并行作业，所有房间的装修活动构成如图 7 - 3 所示。整体项目一共由 137 个活动构成，活动编号 0 和 10 分别是虚拟开始和结束活动。装修活动共涉及 4 类人力资源，分别是电工、金工、木工、油漆工，四类资源的可用人数分别是 20 人、12 人、20 人和 16 人。不妨假设每个员工的作业空间是长 1.5 米、宽 2 米、高 3 米的箱型空间（一些员工作业时依赖工具，如人字梯，因此设置高为 3 米）。假设项目工期是 10 天，每天工作 9 个小时。每延迟一天的惩罚成本为 900 元，为计算方便，可以换算成 100 元/小时。假设每个房间中的活动作业空间即为该房间内部空间。各房间之间的转移时间见表 7 - 3。假设转移成本与转移时间成正比，根据员工的计时工资换算得到，员工计时工资为 12 元/小时。NSGA-Ⅱ-EM 算法的参数见表 7 - 4。

表 7 - 2　　　　项目信息

活动 ID	活动描述	紧前活动	模式	工期（小时）	人数（人）	直接成本（元）
1	线管 & 线盒预埋（天花板）	—	1	4	2 电工	80
			2	3	3 电工	100
2	暖通、空调安装	1	1	2	2 金工	40
			2	1	3 金工	50
3	电气固定（天花板）	1	1	3	1 电工	30
			2	1	2 电工	40
4	吊顶	2，3	1	4	2 木工	90
			2	3	4 木工	120
5	线管 & 线盒预埋（墙体）	—	1	3	1 电工	30
			2	2	2 电工	50
6	电气固定（墙体）	5	1	3	1 电工	30
			2	2	2 电工	40

续表

活动 ID	活动描述	紧前活动	模式	工期（小时）	人数（人）	直接成本（元）
7	窗户安装	—	1	2	1 木工	20
			2	1	2 木工	30
8	天花板涂装	4	1	5	1 油漆工	70
			2	3	2 油漆工	90
9	墙面涂装	6，7，8	1	8	1 油漆工	100
			2	4	2 油漆工	120

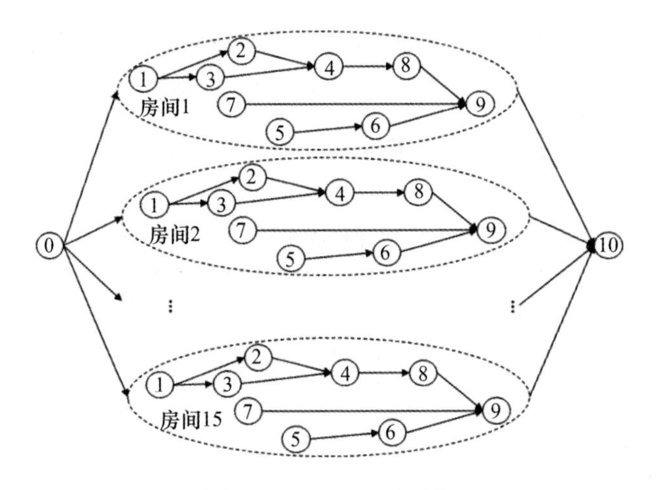

图 7－3　AON 项目网络

表 7－3　　施工点之间的转移时间　（单位：分钟）

l_1 \ l_2	0	1	2	3	4	5	6	7	8	9	10	11	12	13	14	15
0	0	3	3	4	4	3	8	8	9	9	8	13	13	15	14	14
1	3	0	2	5	5	4	9	9	10	10	9	14	14	16	15	15
2	3	2	0	5	5	4	9	9	10	10	9	14	14	16	15	15
3	4	5	5	0	2	2	10	10	11	11	10	15	15	17	16	16
4	4	5	5	2	0	2	10	10	11	11	10	15	15	17	16	16
5	3	4	4	2	2	0	9	9	10	10	9	14	14	16	15	15

续表

l_2 \ l_1	0	1	2	3	4	5	6	7	8	9	10	11	12	13	14	15
6	8	9	9	10	10	9	0	2	5	5	4	9	9	11	10	10
7	8	9	9	10	10	9	2	0	5	5	4	9	9	11	10	10
8	9	10	10	11	11	10	5	5	0	2	2	10	10	12	11	11
9	9	10	10	11	11	10	5	5	2	0	2	10	10	12	11	11
10	8	9	9	10	10	9	4	4	2	2	0	9	9	11	10	10
11	13	14	14	15	15	14	9	9	10	10	9	0	2	6	5	5
12	13	14	14	15	15	14	9	9	10	10	9	2	0	6	5	5
13	15	16	16	17	17	16	11	11	12	12	11	6	6	0	2	2
14	14	15	15	16	16	15	10	10	11	11	10	5	5	2	0	2
15	14	15	15	16	16	15	10	10	11	11	10	5	5	2	2	0

表 7－4　　NSGA-Ⅱ-EM 的参数设置

序号	参数名称	取值	序号	参数名称	取值
1	*Maxgen*	100	5	η_c	20
2	N_{pop}	50	6	η_m	20
3	交叉概率	0.9	7	ω	10
4	变异概率	0.1	8	$[\chi_1, \chi_2, \chi_3]$	$\left[\frac{10}{13}, \frac{1}{13}, \frac{2}{13}\right]$

为了评估算法求出的近似 Pareto 最优解集，不妨定义为 $PS = \{x_1, x_2, \cdots, x_g\}$，其中，$g$ 表示解的数量。需要将算法得到的解集与理想的 Pareto 最优解集 $PS^* = \{x_1^*, x_2^*, \cdots, x_{g^*}^*\}$ 比较，g^* 表示最优解个数。评估准则采用第二章介绍的三个准则，分别是质量准则（QM）、收敛性（CM）和多样性准则（DM）。算法求解出最优解集的 QM 越大，CM 越小，DM 越大，则表示算法求出的解集越好。由于三个指标可计算的前提是已知精确的 Pareto 最优解集，但本章案例的规模大，问题难度大，无法求解精确的 Pareto 最优解集。在

下一节的实验中，将采用多种方法多次求解案例问题，汇集所有解并删去劣解、相同解和相近解后，得到一个最优解集作为近似 Pareto 最优解集。算法性能实验、比较实验等都基于该近似 Pareto 最优解集计算指标值。

二 实验结果分析

实验分析内容包括：分析 Pareto 最优解集；与不考虑位置—空间属性的工程项目调度问题比较分析，以验证问题和模型的有效性；与其他多目标算法做比较分析，以验证算法的有效性。

（一）Pareto 最优解集分析

通过分析 Pareto 最优解 PS^* 和 Pareto 最优前沿 PF^* 发现三个目标——项目完工时间、总成本和总空间干涉程度之间的关系。由于精确的 Pareto 最优解集难以求解，通过采用多种算法（如经典的多目标优化算法 NSGA-Ⅱ、PESAⅡ、SPEAⅡ、MOPSO、MOEA/D，以及一些新算法如人工藻群算法），每种算法运行 50 次以上，最终获得 2251 个解。从中删除支配解、重复解、相近的解，最终选择 50 个解，作为近似 Pareto 最优解集。其目标构成 Pareto 最优前沿，如图 7－4所示。可以看出，三个目标相互制约，随着完工时间减少，总成本和总空间干涉程度趋于增长。

Pareto 最优解的具体目标值被列在表 7－5 中。从中任选一个最优解，做单个解的分析。不妨选择第七个最优解，其目标向量为(72.83，863.10，568.80)。问题的解包含两个部分：项目调度计划方案和资源配置方案。该最优解的项目调度计划方案如图 7－5 所示。该最优解的资源配置方案如图 7－6 所示。每个员工的作业流用依次穿过其作业活动的折线表示，不同的折线表示不同类型的员工，圆点表示相应活动。结合图 7－5 和图 7－6 可以判断任意活动进度和员工作业情况。可以看出，不同单元的同一个活动的执行模式和人员构成是允许存在差异的（如活动 2 和活动 11）。另外可以看出，员工的作业流允许在施工场地往返，比如一个木工的作业流包含了

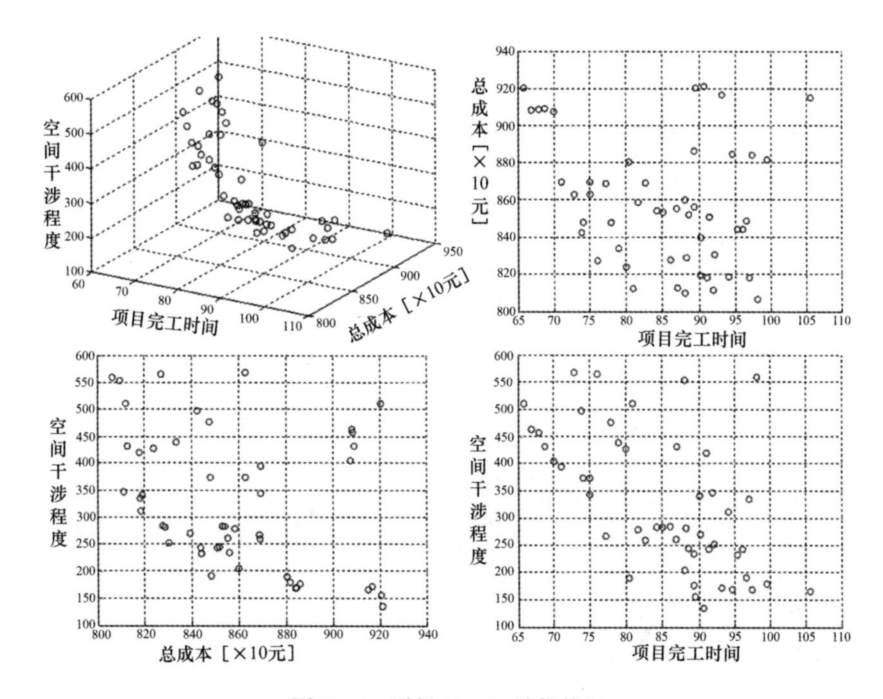

图7-4 近似Pareto最优前沿

活动16（房间2）→活动4（房间1）→活动13（房间2）。事实上，Ioannou和Yang（2016）总结了传统重复性工程项目调度研究中存在的不足，罗列了难以解决的一些问题，包括工程资源允许初始位置不同；重复性单元的结构、员工构成和活动执行模式不同；资源可以在不同施工点来回作业等问题。通过上述分析，可以看出本章设计的模型和方法能有效解决这些难题。

接着，从Pareto最优解集中选择两个解进行比较分析，不妨选择表7-5中画线的第7个解和第17个解，其中，前者的空间干涉程度（568.8）明显大于后者（189.15）。事实上，空间中并行作业活动/资源数量越多，空间干涉程度越大。图7-7和图7-8比较了两者在项目进程中每个时段、每个作业空间中的并行作业活动数量和资源数量。为了方便比较，将两个解对应的数值做差。总体上看，第7个解在每个空间位置上并行的活动和资源数较多。

表7-5　　近似Pareto最优解目标值 PF^*

序号	完工时间	总成本	拥挤度	序号	完工时间	总成本	拥挤度
1	65.92	920.43	510.38	26	88.03	860.10	204.98
2	66.92	908.15	462.45	27	88.07	809.63	553.35
3	67.95	908.68	457.28	28	88.27	829.00	281.85
4	68.78	909.15	431.93	29	88.62	852.08	245.25
5	70.05	907.43	405.60	30	89.28	886.10	176.25
6	71.10	869.55	394.05	31	89.35	856.40	233.63
7	72.83	863.10	568.80	32	89.53	920.33	155.25
8	73.88	842.70	496.35	33	90.10	819.13	341.55
9	74.10	848.10	374.40	34	90.27	839.55	270.30
10	75.00	863.13	373.50	35	90.62	921.08	135.00
11	75.03	869.55	343.50	36	91.08	818.05	420.38
12	76.02	827.28	565.20	37	91.43	851.08	243.00
13	77.18	868.88	267.23	38	91.93	811.28	346.50
14	77.93	847.80	476.10	39	92.15	830.55	252.00
15	78.90	833.65	439.05	40	93.20	916.48	171.30
16	79.97	824.00	427.35	41	94.12	818.65	312.08
17	80.38	880.35	189.15	42	94.62	884.38	168.90
18	80.95	812.25	510.68	43	95.28	844.30	232.65
19	81.60	858.70	278.10	44	96.03	844.10	242.55
20	82.72	869.08	259.80	45	96.60	848.65	191.85
21	84.20	854.33	282.90	46	97.00	818.08	334.80
22	85.05	853.43	282.75	47	97.38	884.03	168.90
23	86.15	827.78	285.30	48	98.15	806.25	559.65
24	86.88	855.60	261.00	49	99.47	881.83	179.55
25	86.98	812.73	431.55	50	105.57	915.03	166.50

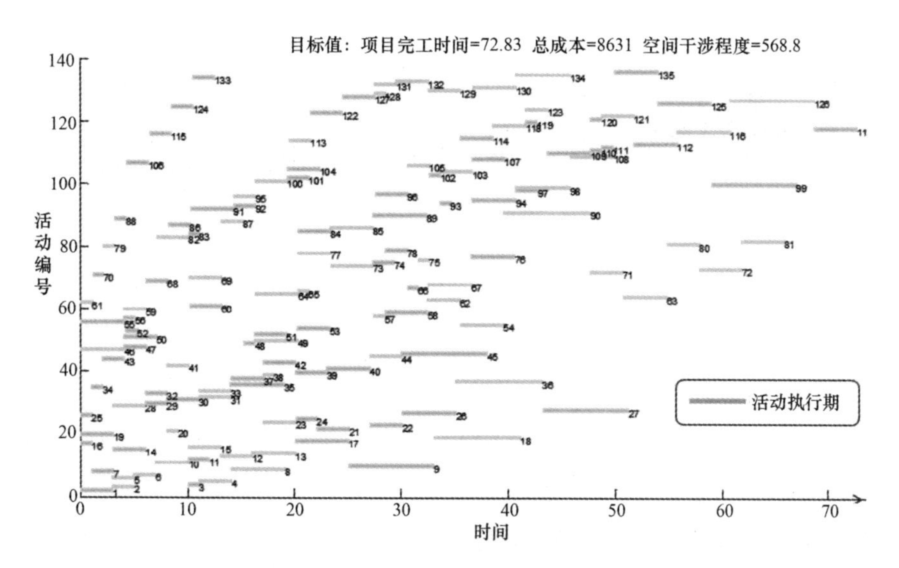

图 7-5　活动执行的甘特图

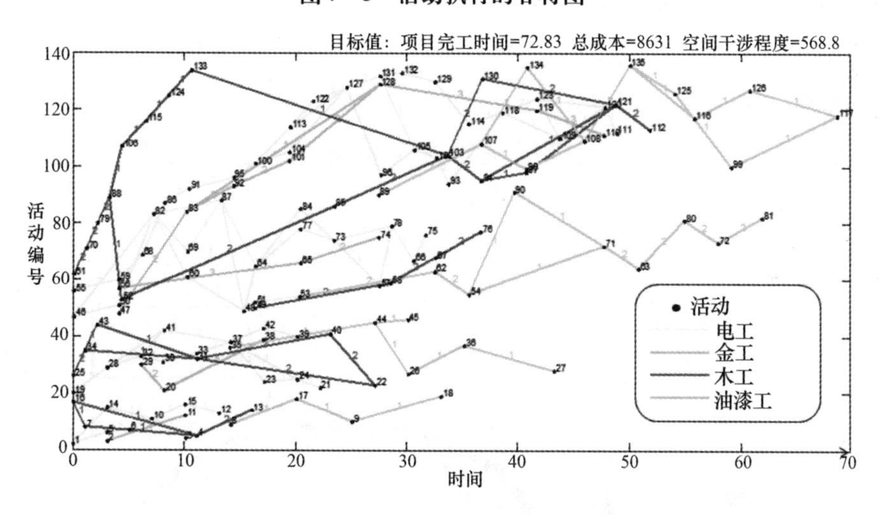

图 7-6　资源作业流图

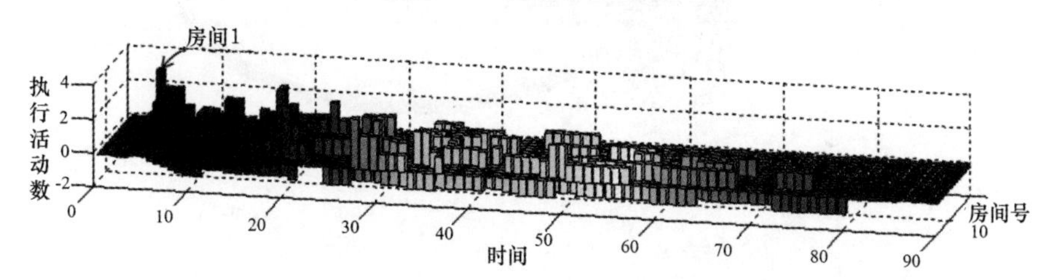

图 7-7　每个时段每个房间的并行作业活动数

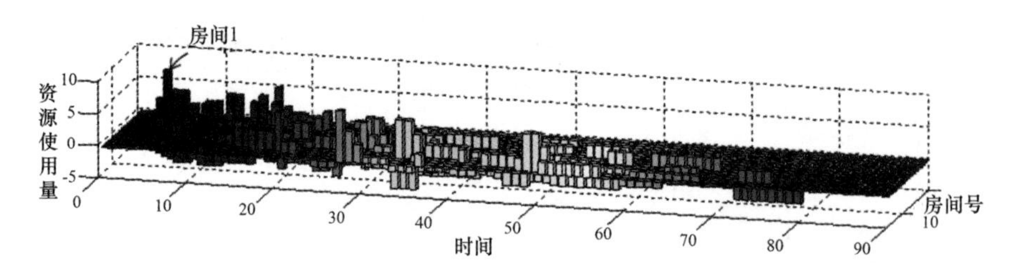

图 7-8 每个时段每个房间的并行作业资源数

(二) 与不考虑位置—空间属性的工程项目调度问题比较分析

为了验证模型的有效性，分析考虑位置、空间特征对问题求解的影响，比较本章提出的模型和不考虑位置—空间属性的工程项目调度模型的结果。首先，假设位置和空间因素均不考虑，则该问题实际上是时间—成本两目标最优化的 RCPSP（Bio-objective RCPSP，BRCPSP)，并且在完工时间和总成本计算中均不考虑资源转移时间和成本。其次，利用 NSGA-Ⅱ-EM 算法求解 BRCPSP，得到活动调度方案。最后，采用“就近原则”进行资源配置。两问题各求解 10 次，最优解目标值如图 7-9 目标空间所示，其中黑色实线所围的点是考虑位置—空间属性的工程项目调度问题的解，灰色虚线所围的

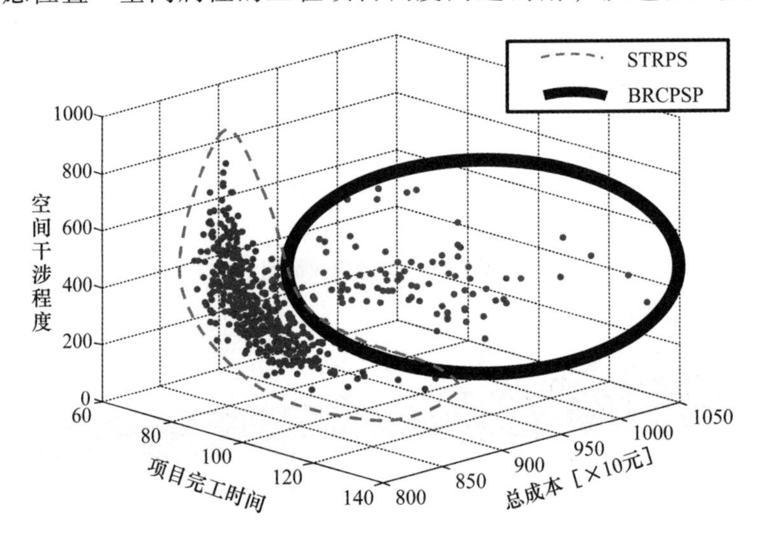

图 7-9 考虑与不考虑位置—空间属性的最优解对比

点是不考虑位置—空间属性的解的情况。可以看出，不考虑空间干涉时求出的解在解空间中分布距离原点更远，并且相比于考虑位置—空间属性所求的解，几乎处于被支配地位。因此，考虑位置—空间属性的工程项目调度问题的最优解拥有更短的完工时间，更低的成本以及更低的空间干涉程度。

（三）算法比较分析

为了验证 NSGA-Ⅱ-EM 算法的有效性，下面将 NSGA-Ⅱ-EM 算法与其他五种常用的多目标优化算法进行对比。其他五种算法分别是 NSGA-Ⅱ（Deb 等，2002）、SPEAⅡ（Zitzler 等，2001）、PESAⅡ（Corne 等，2001）、MOEA/D（Zhang 和 Li，2007）和 MOPSO（Fallah-Mehdipour 等，2012）。另外，为了验证 EM 的有效性，将以上算法中带有交叉算子的算法融入 EM 机制，除了 NSGA-Ⅱ-EM，还有 SPEAⅡ-EM、PESAⅡ-EM 和 MOEA/D-EM。本组实验一共涉及 9 种算法，所有算法的最大迭代数和种群数统一设置为 100 和 50。对于 NSGA-Ⅱ、SPEAⅡ、PESAⅡ以及对应的改进算法，参数设置同 NSGA-Ⅱ-EM，即交叉概率和变异概率分别为 0.9 和 0.1。基于不同参数设置开展随机实验，设置 MOEA/D 和 MOEA/D-EM 的邻域种群规模为5，设置 MOSPO 算法的惯性权重 =0.5；阻尼率 =0.99；个人学习系数 =1；全局学习系数 =2。每种算法运行 10 次，分别计算相应的 QM、CM 和 DM，统计数据通过图 7－10 和表 7－6 体现。

表 7－6 统计了每种算法三个指标的均值，平均求解时间（s），每个目标平均最小值、最大值、取值范围、标准偏差以及均值。其中，缩写 Obj. 1、Obj. 2、Obj. 3 分别表示完工时间、总成本和空间干涉目标。用“*”标记各个指标表现优异的三种算法，“*”越多表示表现越好。可以看出，NSGA-Ⅱ-EM 的 QM 表现最好，最高平均值为 0.300。CM 表现次佳，平均值为 0.106。在 DM 度量方面，NSGA-Ⅱ-EM 其次，DM 平均均值为 1.532，略小于最佳 SPEAⅡ的 1.584。这意味着 NSGA-Ⅱ-EM 可以比其他算法搜索更多的帕累托最优解，比大多数算法更接近于精确的帕累托最优前沿，且具有更高

表 7－6　各个算法的平均指标

指标		NSGA-Ⅱ-EM	NSGA-Ⅱ	SPEAⅡ-EM	SPEAⅡ	PESAⅡ-EM	PESAⅡ	MOEA/D-EM	MOEA/D	MOPSO
QM		0.300***	0.218**	0.180*	0.176	0.174	0.100	0.028	0.030	0.008
CM		0.106**	0.159	0.099***	0.112	0.109*	0.131	0.125	0.125	0.240
DM		1.532**	1.361	1.266	1.584***	1.378	1.496*	0.880	0.814	1.339
CPU time [/s]		2080.66	2083.39	2114.27	2226.43	2008.39	2140.76	2108.73	2123.13	2377.98
Obj. 1	Min	72.96	71.22	74.72	76.17	76.22	75.46	87.34	88.70	79.41
	Max	103.53	102.04	102.22	107.46	106.48	111.61	103.04	102.87	103.68
	Range	30.56	30.83	27.50	31.29	30.26	36.16	15.70	14.16	24.28
	St. D	8.32	8.45	7.18	8.06	7.64	7.69	5.83	6.02	6.52
	Mean	85.99	85.51	87.62	89.11	89.03	87.96	95.33	95.85	90.79
Obj. 2	Min	836.90	854.00	818.62	815.90	815.20	812.96	821.27	821.93	831.31
	Max	890.08	903.57	870.83	897.20	890.21	916.86	866.71	870.83	888.82
	Range	53.18	49.57	52.21	81.30	75.01	103.90	45.44	48.90	57.51
	St. D	14.35	14.34	13.91	18.24	19.26	21.36	19.04	20.63	14.36
	Mean	854.09	871.64	838.90	841.00	839.96	842.36	837.00	840.21	855.20
Obj. 3	Min	157.11	171.99	234.62	224.88	218.51	212.46	233.36	248.69	252.80
	Max	687.26	609.28	642.08	653.99	615.54	684.34	498.78	485.89	708.65
	Range	530.15	437.29	407.47	429.11	397.04	471.88	265.43	237.20	455.85
	St. D	133.38	112.56	107.30	108.01	103.25	113.77	98.18	100.07	115.87
	Mean	375.23	364.317	400.71	400.56	387.76	404.60	365.88	356.96	422.02

的分散性。图7－10中的三组箱线图分别对应三个度量算法性能的指标。该箱线图的每个方框的底部和顶部表示四分之一和四分之三分位数，方框内中间的横线是中位数。从图7－10也可以看出，NSGA-Ⅱ-EM在QM上明显优于其他八种算法，并且在度量CM和DM方面优于大多数其他算法。从表7－6的计算时间上看，9种算法的求解时间差别并不是很大。因此，NSGA-Ⅱ-EM的良好性能并非以时间为代价。总体而言，NSGA-Ⅱ-EM搜索的最优解集的质量更高，相比其他算法更为有效。

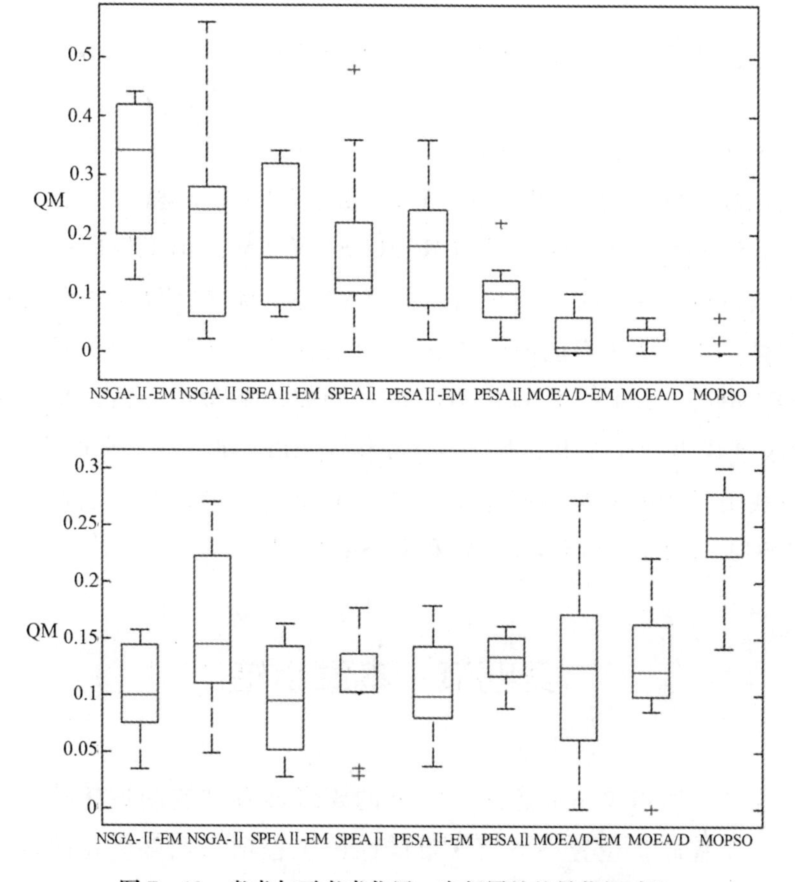

图7－10 考虑与不考虑位置—空间属性的最优解对比

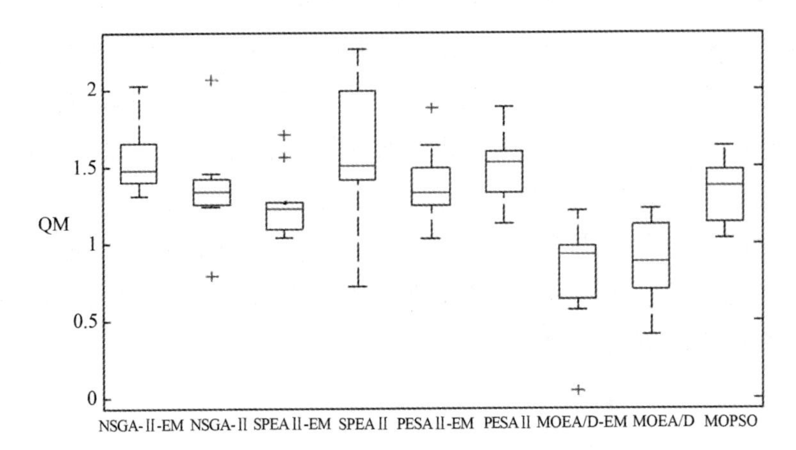

图7-11 考虑与不考虑位置—空间属性的最优解对比（续）

下面也可以根据表7-6和图7-10分析EM机制的效果。通过分别比较NSGA-Ⅱ、SPEAⅡ、PESAⅡ、MOEA/D和对应的改进算法（NSGA-Ⅱ-EM、SPEAⅡ-EM、PESAⅡ-EM、MOEA/D-EM），可发现改进的NSGA-Ⅱ、SPEAⅡ、PESAⅡ在QM和CM上的性能都优于原算法。但EM不能改善MOEA/D在QM和CM方面的性能。对于DM指标，EM的影响并不确定。例如，在DM方面，NSGA-Ⅱ-EM表现优于NSGA-Ⅱ，但SPEAⅡ优于SPEAⅡ-EM。这意味着EM在寻找更接近帕累托最优前沿的非支配解时，可以在一定程度上改进NSGA-Ⅱ-EM、SPEAⅡ-EM和PESAⅡ-EM。

第四节 本章小结

本章同时考虑不同施工点之间的资源转移和空间拥挤特征，研究考虑工程施工位置—空间双重属性的工程项目调度优化问题。首先，建立以完工时间、总成本和空间干涉最小化的数学模型，进而将EM和NSGA-Ⅱ结合，设计了改进的多目标优化算法NSGA-Ⅱ-EM

求解问题。其次，设计两阶段解码方式，第一阶段基于SSS的初步调度方案生成机制；第二阶段基于转移成本优先的资源分配规则，对初步调度方案进行调整。最后，通过一个重复性工程案例验证模型和算法的有效性。实验表明，考虑位置—空间属性的工程项目调度问题的最优解拥有更短的完工时间、更少的成本以及更低的空间干涉程度。通过将本章提出的算法和其他几种常用的多目标智能优化算法比对发现，NSGA-Ⅱ-EM得到的最优解集质量更高，相比其他算法更为有效。同时，本章提出的模型和算法还解决了传统重复性工程项目调度研究中存在的一些难题，如Ioannou和Yang（2016）总结的重复性工程的资源初始位置不同，重复性单元的结构、员工构成和活动执行模式不同，资源可以在不同施工点来回作业等当时尚未解决的难题。

第八章

考虑空间干涉的工程项目反应式调度问题

尽管前文研究了各种情形下如何进行工程项目调度以预防或减少空间干涉问题。然而，工程项目在实际执行过程中往往面临着诸多难以预料的不确定性事件，空间干涉问题也常常因活动延期、资源空间需求变化或者管理者对干涉程度的预计发生偏差而产生或加重。面对这类突发的空间干涉事件，如何实时地、适应性调整剩余项目调度计划，以减少空间干涉带来的计划变动，是对前文研究的重要补充。本章考虑由于突发空间干涉导致项目调度计划扰动而开展的反应式调度。反应式调度是指在项目执行过程中，针对临时出现的、没有预期的不确定性扰动，及时修复或重新调度项目活动。

本章延续了第六章的设定，进一步考虑空间干涉突发情形下，通过制定合理的赶工策略，包括增加施工人员（超员）以及增加施工时间（加班）等措施来应对空间干涉对计划的扰动。对工程项目而言，保持施工进度按计划进行通常是一项重要的管理内容，如果选择赶工则需要额外的成本投入，因此存在成本和进度的权衡。同时，在有限的施工空间内，施工人数过多还会在一定程度上对活动施工效率产生影响，且加班和超员都会降低施工质量（Jeunet 和 Orm，2020）。本章考虑增加人员对活动效率的影响，以及 ASI 和赶工策略对活动质量的影响，研究如何调整资源配置和进度计划以达到反应式调度成本最小。

第一节　问题描述与模型构建

考虑空间干涉的工程反应式调度问题是在遇到突发进度延误问题，已知项目原计划、活动干涉矩阵、各活动正常施工模式以及赶工相关参数的条件下，合理安排原计划中尚未执行的各个活动的执行时间和施工模式，使其满足活动工序条件，有效避免 USI 的发生，并将拥堵程度、超员与加班对活动质量的影响控制在一定范围内，最终使项目反应式调度成本最小。模型的建立基于六个前提假设：第一，假设活动的各类空间需求已知，空间需求不随时间和施工人数而改变；第二，假设活动所需的其他资源供应充足；第三，杜绝 USI 的发生，发生拥堵在一定程度上是被允许的；第四，假设活动质量与拥堵程度、加班时间呈线性负相关，与超员程度呈二次负相关；第五，假设项目原计划已知；第六，假设各活动正常施工模式与赶工的各项参数已知。

AON 项目网络记为 $G = \{N,A\}$ ，其中节点集合 $N = \{0,1,\cdots,n,n+1\}$ 表示项目活动，0 和 $n+1$ 分别为虚拟的开始和结束活动。集合 $\{a_{ij}\},i,j \in N$ 表示活动之间的工序关系。若 i 是 j 的紧前活动，则 $a_{ij} = 1$ ；否则 $a_{ij} = 0$ 。项目的计划期离散化为时间段集合 $T = \{1,\cdots,|T|\}$ 。其他已知参数和变量符号定义见表 8－1。

表 8－1　　参数、变量符号定义

符号		定义
已知参数	d_i^{nor}	活动 i 正常施工模式所需工期
	Ω_i^T	执行活动 i 需要的弹性空间

续表

符号		定义
已知参数	e_{ij}	活动 i 的弹性空间对被活动 j 的弹性空间占用的敏感性
	Q_i	可接受的活动 i 质量下限，$Q_i \in [0,1]$
	w_i	活动 i 的单位延误成本
	s'_i	项目原计划中活动 i 的开始作业时间
	α_i	活动 i 增加施工人员的单位成本
	p_i^{nor}	活动 i 正常施工模式所需人数
	β_i	活动 i 的单位加班成本
	$a_{ij} \in \{0,1\}$	活动之间的工序关系。若 i 是 j 的紧前活动，则$a_{ij}=1$；否则$a_{ij}=0$
	H	单人每天的正常工作时长，通常 $H = 8h$
	H_0	单人每天的固定加班时长，通常 $H_0 = 4h$
	B_{ij}	空间干涉矩阵。如果活动 i 和活动 j 之间不存在空间干涉，则 $B_{ij}=0$；如果活动 i 和活动 j 之间存在 ASI，$B_{ij}=1$；如果活动 i 和活动 j 之间存在 USI，$B_{ij}=2$
	γ_i	超员对活动 i 的施工效率的影响参数
	M	任意大的正数
	λ_i^R	活动 i 的质量对超员施工的敏感性
	λ_i^O	活动 i 的质量对加班的敏感性
	p_i^{max}	活动 i 最多施工人数
	λ_i^Q	活动 i 的质量对空间拥堵的敏感性
变量	$s_i \geqslant 0$	活动 i 的开始作业时间
	p_i	活动 i 的实际施工人数
	$d_i > 0$	活动 i 的实际工期
	$h_i \geqslant 0$	活动 i 的加班天数
	$y_{ij} \in \{0,1\}$	当活动 i 完成之后活动 j 开始执行，$y_{ij}=1$；否则，$y_{ij}=0$
	$C_i \in \{0,1\}$	当活动 i 超员作业时，$C_i=1$；否则，$C_i=0$
	$\Gamma_t \subset N$	t 时间段上正在作业的活动集合
	$\Lambda_i \subset T$	活动 i 正在作业的时间集合
	$I_i^S \in [0,1]$	活动 i 完成的拥堵因子
	$I_i^R \in [0,1]$	活动 i 超员施工产生的质量损失
	$I_i^O \in [0,1]$	活动 i 加班产生的质量损失
	$q_i \in [0,1]$	活动 i 完成的质量因子
	f^T	项目反应式调度总成本

基于以上符号定义，建立考虑空间干涉的工程反应式调度优化的一般数学模型［M8－1］。

［M8－1］：

$$\min \quad f^T = \sum_{i \in N} (w_i \cdot \max\{s_i - s'_i, 0\} + \alpha_i \cdot (p_i - p_i^{nor}) \cdot d_i + \beta_i \cdot h_i) \tag{8-1}$$

s. t.

$$a_{ij} \cdot (s_j - d_i - s_i) \geqslant 0, \forall i,j \in N \tag{8-2}$$

$$y_{ij} \geqslant a_{ij}, \forall i,j \in N \tag{8-3}$$

$$y_{ij} + y_{ji} = 1, \forall i,j \in N, B_{ij} = 2 \tag{8-4}$$

$$d_i \cdot (p_i^{nor} + C_i \cdot W_i) + \frac{h_i \cdot H_0}{H} = p_i^{nor} \cdot d_i^{nor}, \forall i,j \in N \tag{8-5}$$

$$W_i = (1 + \gamma_i) \cdot p_i - (\gamma_i / p_i^{nor}) \cdot p_i^2 - p_i^{nor} \tag{8-6}$$

$$p_i - p_i^{nor} \geqslant C_i, \forall i \tag{8-7}$$

$$p_i - p_i^{nor} \leqslant C_i \cdot M, \forall i \tag{8-8}$$

$$I_i^S = \frac{\sum_{t \in \Lambda_i} \sum_{j \in \Gamma_t} e_{ij} \cdot v(\Omega_i^T \cap \Omega_j^T)}{d_i \cdot v(\Omega_i^T)}, \forall i \tag{8-9}$$

$$q_i = 1 - \lambda_i^Q \cdot I_i^S - I_i^R - I_i^O, \forall i \tag{8-10}$$

$$I_i^R = \lambda_i^R \cdot (p_i - p_i^{nor}), \forall i \tag{8-11}$$

$$I_i^O = \lambda_i^O \cdot \frac{h_i}{p_i^{nor}}, \forall i \tag{8-12}$$

$$q_i \geqslant Q_i, \forall i \tag{8-13}$$

$$p_i^{nor} \leqslant p_i \leqslant p_i^{max}, \forall i, p_i \in N^+, \tag{8-14}$$

$$0 \leqslant h_i \leqslant d_i \cdot p_i^{nor}, \forall i \tag{8-15}$$

$$0 < d_i \leqslant d_i^{nor}, \forall i, d_i \in N^+ \tag{8-16}$$

$$s_i \geqslant 0 \tag{8-17}$$

其中，目标公式（8－1）表示最小化项目调度成本 f^T，包括各活动延误成本、增加施工人数成本和加班成本。约束公式（8－2）

表示项目活动工序约束，活动的开始时间应不早于其紧前活动的结束时间。约束公式（8－3）和约束公式（8－4）避免不可接受空间冲突的发生。约束公式（8－5）表示赶工模式与正常施工模式所要完成的工作量一致。约束公式（8－6）计算超员模式下的施工效率，该公式参考 Jeunet 和 Orm（2020）。约束公式（8－7）和约束公式（8－8）表示施工人数与是否超员之间的关系，如果施工人数超过正常施工人数，则该活动超员，否则施工人数为正常施工模式的人数。约束公式（8－9）计算执行活动 i 的拥堵因子，表示在活动执行期内，活动 i 的总体弹性空间平均被其他活动占用总空间的百分比。其中，$\sum_{t\in\Lambda_i}\sum_{j\in\Gamma_i}e_{ij}\cdot v(\Omega_i^T\cap\Omega_j^T)$ 依据活动 i 对其他不同活动弹性空间占用的敏感性 e_{ij}，求与活动 i 并行的其他活动占用空间体积的加权和。弹性空间被其他活动占用得越多，拥堵因子 I_i^S 越大。进一步地，公式（8－10）计算质量因子 q_i，表示为与拥堵因子、超员和加班相关的函数。约束公式（8－11）和约束公式（8－12）分别计算了超员和加班对活动质量的影响。约束公式（8－13）限制活动质量因子不得低于质量下限 Q_i。约束公式（8－14）至约束公式（8－17）定义决策变量的取值范围，其中，施工人数不得多于该活动最大施工人数，加班时间不得长于规定的加班时长。

第二节　反应式调度算法

本节设计了三种调度策略，分别是启发式修复策略、模式重选择策略、完全重调度策略，并设计相应的算法求解空间干涉发生后的反应式调度问题。在介绍三种策略及算法前，需要先介绍如何在预处理阶段计算备选的赶工模式参数。

一　预处理

从公式（8－5）、公式（8－10）可以看出，活动施工模式受到施工人数、工期、加班时间的影响，活动质量受到加班时间、超员人数和同一时间活动可接受空间干涉程度的影响。由于正常施工与赶工所要完成的活动工作量是一致的，因此，在正常施工模式和活动间可接受干涉程度已知的情况下，施工人数、工期、加班时间中任意已知两个信息，即可得知第三个信息。因此，倘若活动之间可接受空间干涉程度已知，便可以在重调度之前对每一个活动计算其可行的施工模式，并比较在同一施工天数下不同施工模式的成本，选择成本最低的模式作为该施工天数对应的施工模式，由此形成的施工模式集合可在后续成本计算时直接被调用，提高反应式调度算法的计算效率。

对每个活动施工模式的计算主要采用枚举法，具体来说，已知每个活动正常施工模式下的施工人数 p^0 、最多施工人数 p^n 、工期 T、每天固定的加班时间 H、可接受的活动质量下限 Q、活动完成的拥堵因子 I_1 、超员对活动施工效率的影响参数 γ 、活动质量对超员施工的敏感性 λ_2 、活动质量对加班施工的敏感性 λ_3 、活动增加施工人员的单位成本 α 、活动单位加班成本 β ，对每一个活动都执行下列操作。

首先设置工期为赶工一天，施工人数为正常施工人数，根据公式（8－5），计算所需的额外加班时间 h，倘若加班时间不符合公式（8－15）约束，则减少施工时间或增加施工人数；否则计算当前活动质量，若当前施工质量不符合公式（8－13）约束，则增加施工人数，否则计算当前赶工成本并将该模式下的工期、施工人数、加班时间和成本保存在列表中，增加一位施工人员或减少施工时间以重复上述操作，直到施工工期为0。在上述保存的列表中比较各个施工天数下的施工模式的成本，选择每一个施工天数下成本最低的模式。该算法步骤如图8－1所示。

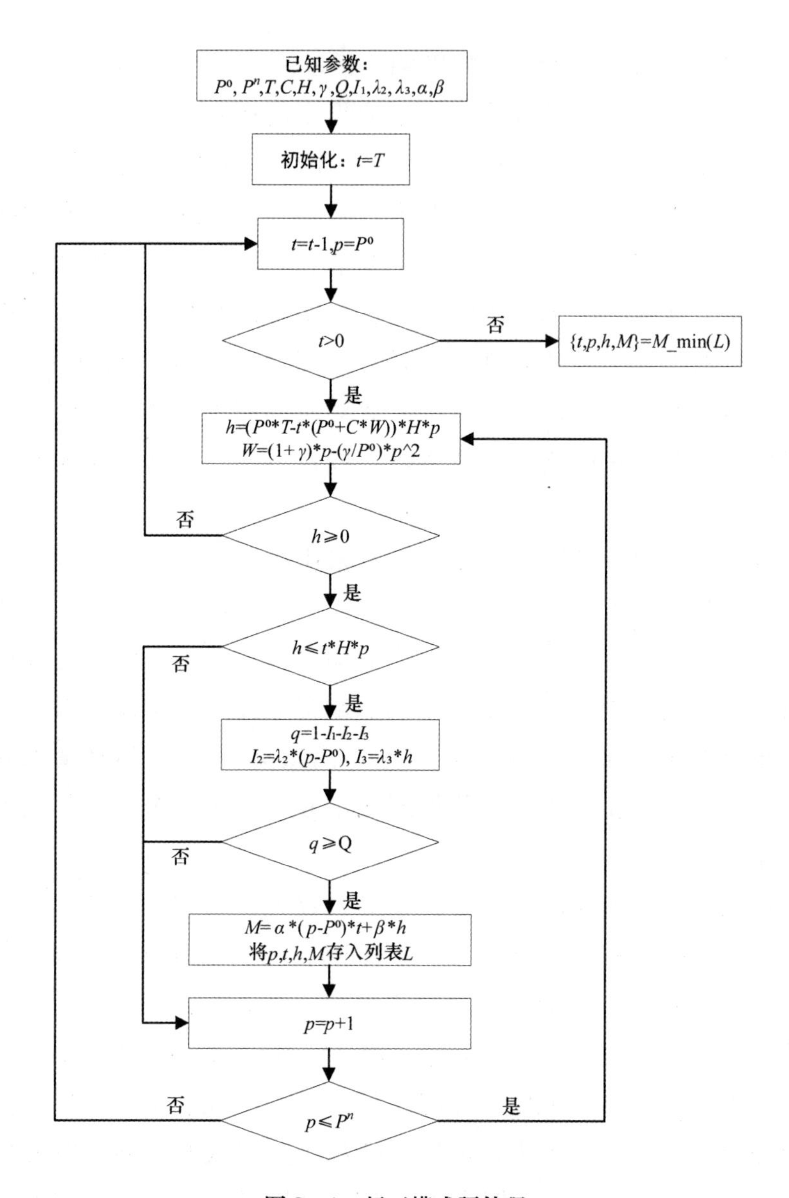

图 8－1　赶工模式预处理

二　启发式修复策略

修复调度通常是为了快速恢复调度方案而采用的较简单策略。本节设计的启发式规则要求保持原计划中活动的施工顺序，按先后依次通过赶工尽可能减少活动延迟（开工时间右移）。首先需要判断干涉活动是否导致了项目某些活动进度或总进度延迟。如果空间干涉确实带来进度延迟，则需要对干涉活动及其后活动进行模式调整（从一般模式变更为赶工模式）；若活动进度未受影响，则无须修改进度计划。

模式调整是按原活动顺序优先级，依次根据活动延迟最小化的规则做调整。具体地说，从空间干涉活动开始，根据原活动顺序向后依次判断每个活动的预计结束时间，检查是否存在延误情况。若存在，则安排干涉活动赶工，在质量要求范围内尽可能缩短其工期；而若干涉活动即便赶工也无法不引起后续活动延迟，则依次对其后的关键活动执行赶工策略（在质量符合要求的范围内），直至零延迟发生或项目完工。

下面介绍实现策略的启发式调度算法的核心思想及步骤。该算法的核心思想是，以预计划的活动列表为基准，保持活动列表的顺序不变，重新安排未开工的活动（包括干涉活动）施工模式。这种算法相对简单，主要依赖于预计划做适当调整。

具体地说，首先根据活动的开始时间与干涉活动的开始时间，判断已执行活动和未执行活动的序号，并分别将两者按照预计划活动列表的顺序剔出，构成两个新的活动列表 L_{done} 和 L_{todo}，并将两者前后串联成完整的新活动列表 $L_{new} = [L_{done}, L_{todo}]$，$L_{done}$ 部分对应的开始时间和施工模式都不变，从干涉活动开始，通过预处理，得到其最多的赶工时间。如果该时间不短于其被延误的时间，则以被延误的时间长度为干涉活动的赶工时间，其对应的成本即为调度计划总成本，原进度计划不进行改变。如果干涉活动最多赶工时间仍然无法满足被延误时间，则顺延至其紧后关键活动，重复上述操作，直至被延误进度全部实现赶工或项目完工，完成进度计划编制，各被延误活动的延误成本加上所有赶工活动的对应成本即为总调度成本。

同样地，多活动干涉源于活动间公共空间的资源拥挤，延误发生时将剩余未完成的干涉活动和未执行活动重新调度。因此，针对活动内部空间干涉问题的反应式调度容易推广到多活动空间干涉下的反应式调度。本节将具体给出单干涉活动的反应式调度伪代码，多干涉活动同理。算法 8－1 是启发式修复调度算法的伪代码。

算法 8－1：Reactive_schedule_base_list

1：old_schedule_list 预计划的活动列表及对应开工时间

2：new_schedule_list 发生进度延迟后的活动列表及对应开工时间

3：L_{delay} = get_act（old_schedule_list，new_schedule_list）比较两个列表中各活动的开工时间，获取进度延迟的活动与其对应延误时长集合

4：if（contain（L_{delay}））如果发生活动延误

5：Crush_Mode 获取活动对应的赶工模式

6：if（get_ t_{max}（Crush_Mode（0））≥get_t（$L_{delay}(1)$））

如果干涉活动最大赶工时间不短于延误时间

7：Cost = get_cost（Crush_Mode（0，get_t（$L_{delay}(1)$）））获取干涉活动赶工成本

8：Finally_schedule_list = old_schedule_list 重调度计划与预计划一致

9：else

10：Cost = get_cost（Crush_Mode（0，t_{max}））获取干涉活动的赶工成本

11：L_{delay} = new_L（0，get_ t_{max}（Crush_Mode（0））），更新延误活动及时间集

12：for（task_i in L_{delay}）从开工时间延迟的活动开始使用调度机制

13：if（get_ t_{max}（Crush_Mode（i））≥get_t（$L_{delay}(i)$））

如果该活动最大赶工时间不短于延误时间

14：Cost = Cost + get_cost（Crush_Mode（i，get_t（$L_{delay}(i)$）））

获取活动赶工成本

15：Finally_schedule_list = get_schedule_list（L_{delay}）获取重调度计划

16：break 跳出循环

17：else

18：Cost = Cost + get_cost（Crush_Mode（i，t_{max}））

获取该活动的赶工成本

19：L_{delay} = new_L（i，get_ t_{max}（Crush_Mode（i）））

更新延误活动及时间集

20：end

21：end

22：end

23：end

24：return Finally_schedule_list

三　模式重选择策略

模式重选择策略指的是仅保持活动顺序不变，实现进度与成本的平衡。一般来说，在工程进度延误时，通常会选择对当前活动进行赶工以挽回进度，且越早挽回损失越少，这也是第一个策略产生的原因。但由于不同活动的赶工成本有所差异，进度延误成本也不同，因此调度计划若想实现调度成本最低，必须综合考虑所有未完成活动的施工模式。

具体来说，以原始的活动顺序为基础，从未开工的活动（包括干涉活动）开始，按照活动顺序考虑赶工模式对进度计划的影响，根据调度成本最低的原则选择部分活动进行赶工，最终确定每个活动的执行时间。

本节设计 TSA（第四章中已有详细介绍）实现该策略。从干涉活动开始，针对 L_{todo} 中的活动采取 TSA，选择实施赶工的活动及其对应的赶工天数，以得到成本最低的调度方案。定义 TSA 中的有关参数：起始温度为 T_{MAX}；终止温度为 T_{MIN}；衰减因子为 α；邻域生成的最大迭代数为 S_{MAX}。TSA 伪代码如算法 8 - 2 所示。

算法 8 - 2：Tabu_Simulated_Annealing

1：生成初始解 s，计算目标值 $f(s)$，令 $t = T_{MAX}$

2：do 在温度大于终止温度时不断循环更新最优解

3：$i = 1$

4：do 在最大迭代次数内不断更新最优解

5：do 邻域生成机制生成不在禁忌表中的新解 s'

6：$s' = insert(s)$

7：While（$s' \in Tabu$）

8：$Tabu = Tabu\{Tabu, s'\}$ 将新解 s' 加入禁忌表

9：$f(s') = cost(s')$ 计算 s' 目标值 $f(s')$

10：if $f(s') < f(s)$ 如果新解优于当前解或温度大于概率

11：$s = s'$ 将当前解更新为新解

12：$f(s) = f(s')$ 将当前目标值更新为最优目标值

13：else if $e^{\frac{\Delta}{T}} > R$

14：$s = s'$

15：$f(s) = f(s')$

16：end

$s = s'$ 否则，将新解设为当前解

17：end

18：$i = i + 1$ 增加迭代次数

19：While（$i \leqslant I_{MAX} + 1$）

20：$t = \alpha * t$ 更新温度

21：While（$t > T_{MIN}$）

22：return s、$f(s)$ 在温度 < 终止温度时输出最优解及其目标值

上述计算流程与第四章基本相同，因此下面仅具体介绍本算法解的表达、初始解生成机制和邻域生成机制三方面。

（一）编码与解码机制

基于预处理所得到的施工模式集合，我们能看到每个活动的每个施工时间都对应着其成本最低的赶工方案，换句话说，只用活动施工时间这一个信息就能表示其完整的赶工模式。而禁忌模拟退火算法的目的是得到一个包含各活动顺序与其对应赶工模式的调度方案，因此所求方案可以用一串由整数组成的编码来表示。其中，数字的位置对应着已知的活动顺序中处于该位置的活动，0 表示处于该顺序的活动正常施工，而非 0 数字表示处于该顺序的活动实施赶工，具体数字则代表赶工天数，所有非 0 数字加起来则为该项目的赶工总天数，通常由被延误的原计划所决定。

例如，图 8－2 表示了一个可能的解，其中，活动顺序由已知的进度计划决定，该解表示活动 5 赶工 1 天，活动 7 赶工 2 天，活动 3 赶工 1 天，活动 9 赶工 1 天，这些活动的赶工天数的成本都保存在施工模式集合中，通过对解的数字编码的解析，结合已知的活动顺序以及施工模式集合，能够得到一个完整的调度方案及其调度成本。

解	0	1	0	2	1	0	1	0	0
进度计划活动顺序	2	5	4	7	3	6	9	1	8

图 8－2　解的表达示例

（二）初始解生成机制

初始解是启发式算法进行寻优的起点，高质量的初始解可以有效降低迭代算法的计算量，在较短的时间内得到较优的解。本章构建了一个基于贪婪算法的初始解决方案。

由于本策略的目标是找到成本最低的调度方案，因此贪婪算法的贪婪策略是在施工模式集合中按照赶工成本由低到高选择赶工活动及其模式。每选定一个模式，则重新计算进度计划中各活动的最多可赶工天数，直到没有新的活动被延误，其算法步骤如图 8－3 所示。同时，为了保证后续搜索的广度和多样性，选定一个活动后，该活动的其他赶工模式不可再被选择。

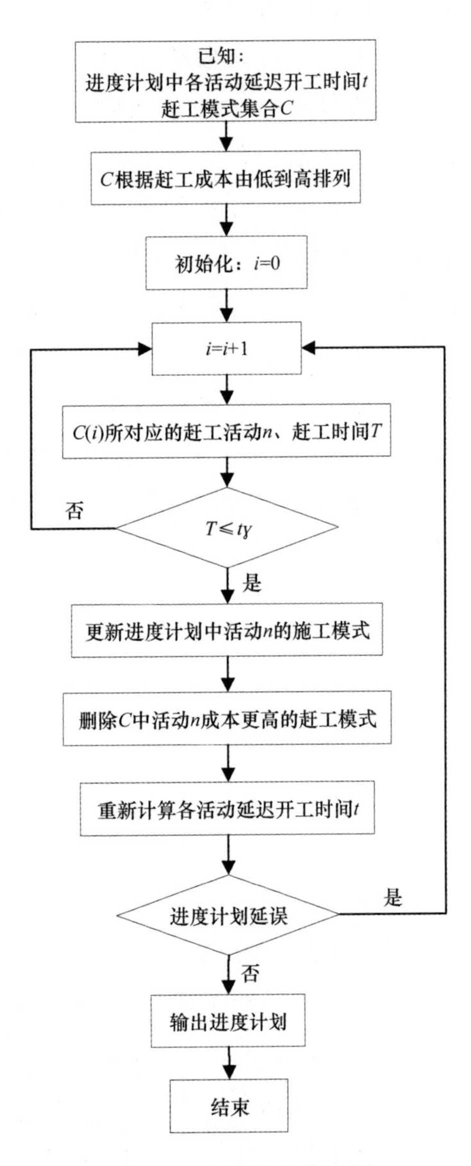

图 8－3　初始解生成机制

（三）邻域生成机制

禁忌模拟退火阶段从贪婪算法产生的解 S 开始。在每次迭代中，TAS 的邻域 N（S）是通过对解中的每个数字编码应用加减的邻域操作符生成的，加减操作符类似一般的插入操作，是指将一个非 0 整数从编码中的某一个位置上大于 0 的数字中减去，并将其加在其他任意位置的数字上，如图 8－4 所示。

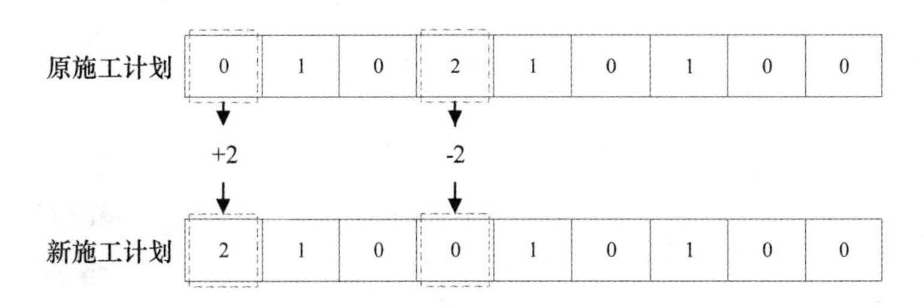

图 8－4　邻域操作示例

图 8－4 展示了一个调度计划执行加减操作符的情况，可以看到通过对原调度计划中的第 4 个数字编码执行了－2 的操作，并将减去的 2 个施工时间单位加在了第一个数字编码上，产生了一个新的调度计划。

在操作中，减去的施工时间单位采取遍历的方式，即从减去 1 个单位开始依次增加单位数量，直至该位置数字为 0。需要注意的是，由于每一次邻域生成只改变两个位置的数字编码，因此可能出现重复搜索的情况。例如，原解 $S=$（0，1，0，0，2，1，0），在执行一次邻域搜索后得到的更优解 $S'=$（0，0，0，0，3，1，0），显然 S' 是由从 S 的第 2 个位置中取出一个单位，依次加在各个位置上，最终择优选择加在第 5 个位置上的结果，而在下一次优化中对 S' 进行邻域搜索时，会出现从第 5 个位置取出一个单位依次加在各个位置上的情况，这种操作所形成的每一个解都在生成 S' 时已经遍历过，因而将降低邻域搜索效率。因此，在进行邻域搜索时，需要考虑上一次优化的步骤不可在本次搜索时再被执行。相应的邻域生成流程如图 8 - 5 所示。

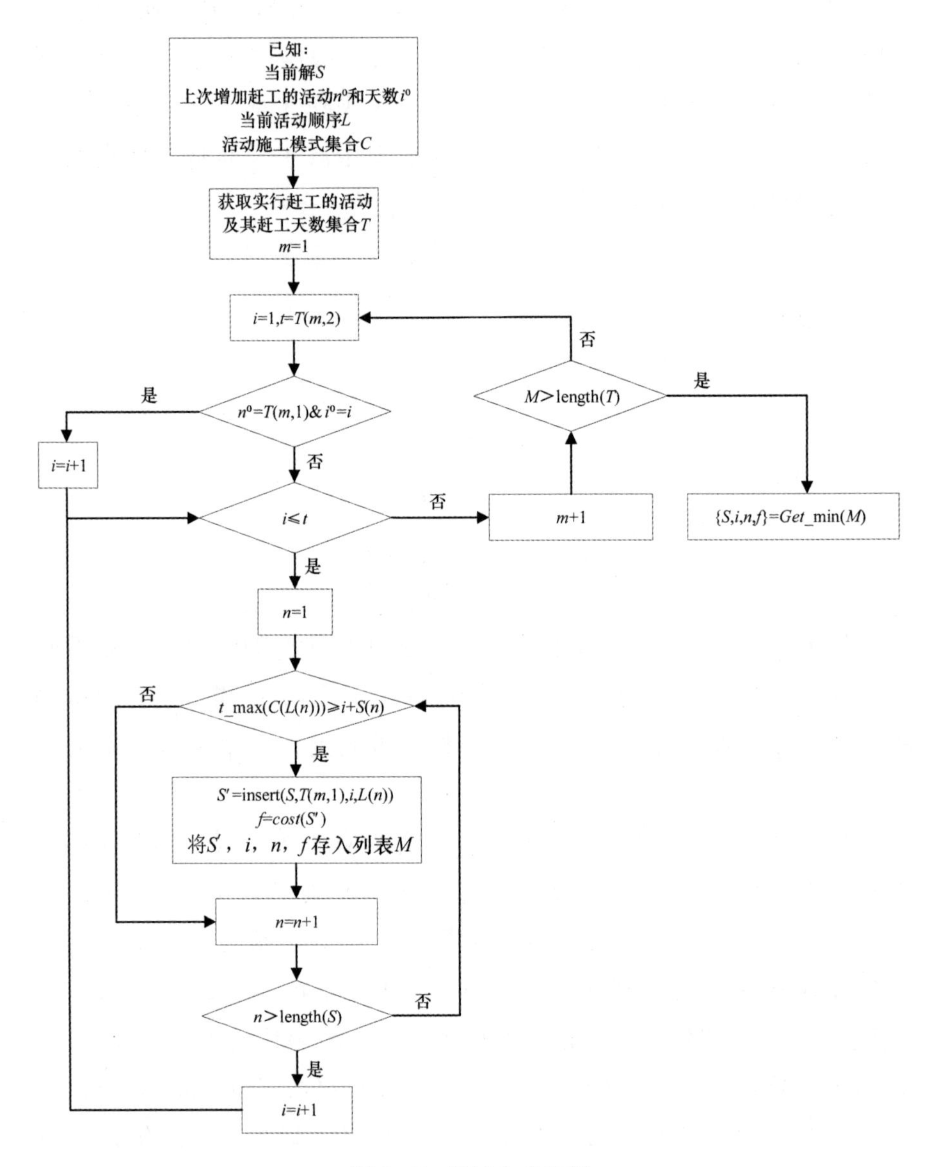

图 8 - 5　邻域生成机制

四　完全重调度策略

完全重调度策略则是针对未开工的活动（包括干涉活动）进行

重新模式选择和时间安排以达到成本最小的目标。在这种完全重调度策略下，活动的顺序、活动执行时间、施工模式，不再受限于原调度计划，而是需要重新决策，即针对剩余的项目活动计算多模式项目调度问题以达到重调度成本最优（包括延迟成本、赶工成本等）。

本节沿用第六章的两阶段混合算法实现完全重调度策略。具体来说，考虑到 USI 和 ASI 的存在，首先采用枚举法列出避免 USI 的可能的施工顺序，其次在枚举的基础上采用 NSGA-Ⅱ求得 ASI 影响下的工程进度计划集合。最后使用上述 TSA 对集合中的解进行邻域搜索，求解具体的施工模式与调度成本。该两阶段混合算法的框架与流程与第六章类似，TSA 具体流程上面已介绍，这里不做赘述。

第三节　案例与计算实验分析

一　案例介绍与参数设置

本章采用上述三种策略及相应算法求解前文介绍的工程案例 1，工程项目网络以及活动的空间需求在第三章已经介绍（参见第三章第三节）。空间干涉的可接受性分析和空间干涉矩阵已知（如图6－1和图 6－2 所示），原计划以第六章算法求得的 10 个方案为基线，每个算例的活动执行模式与原进度计划保持一致，对应的人员需求量、计划工期见表 6－2。本实验以单个干涉活动为例（单个活动内资源作业空间干涉），这类情形发生于管理者对活动作业空间预估不足，资源量配置不当引起资源拥挤，从而导致作业效率损失和延误发生的时候。随机设定活动内空间干涉和延误后果，设置各算例的干涉活动及其延误情况，见表 8－2。

表 8 - 2　　算例延误情况

算例	干涉活动	原执行模式（人数，工期）	现执行模式（人数，工期）	原计划执行时间	延误后执行时间
1	2	(10, 2)	(5, 4)	(7, 0, 6, 13, 2, 0, 0, 7)	(9, 0, 8, 15, 4, 0, 0, 7)
2	5	(10, 3)	(5, 6)	(6, 3, 12, 14, 0, 0, 0, 7)	(9, 6, 15, 17, 0, 0, 0, 7)
3	2	(10, 2)	(5, 4)	(2, 0, 10, 11, 12, 3, 0, 7)	(4, 0, 12, 13, 14, 3, 0, 7)
4	5	(6, 4)	(3, 8)	(7, 4, 13, 15, 0, 0, 1, 8)	(11, 8, 17, 19, 0, 0, 1, 8)
5	2	(5, 3)	(3, 5)	(0, 8, 11, 12, 13, 1, 0, 7)	(0, 8, 13, 14, 15, 1, 0, 7)
6	2	(5, 3)	(3, 5)	(0, 8, 11, 12, 13, 1, 0, 7)	(0, 8, 13, 14, 15, 1, 0, 7)
7	5	(6, 4)	(3, 8)	(8, 4, 7, 16, 0, 0, 0, 9)	(12, 8, 11, 20, 0, 0, 0, 9)
8	2	(5, 3)	(3, 5)	(7, 0, 15, 16, 3, 9, 0, 8)	(9, 0, 17, 18, 5, 9, 0, 8)
9	5	(6, 4)	(3, 8)	(7, 0, 15, 16, 3, 9, 0, 8)	(11, 0, 19, 20, 3, 9, 0, 8)
10	5	(6, 4)	(3, 8)	(0, 12, 15, 16, 8, 0, 0, 7)	(0, 16, 19, 20, 8, 0, 0, 7)

为便于理解，图 8 - 6 展示了算例 8 的原进度计划发生延误的情况，由于活动 2 内部产生空间干涉，导致原执行模式（由 5 人施工 3 天完成）不可行，转变为现执行模式（由 3 人施工 5 天完成），产生了两天的进度延误，后续活动 5、活动 1、活动 3、活动 4 的执行时间相应延误 2 天。

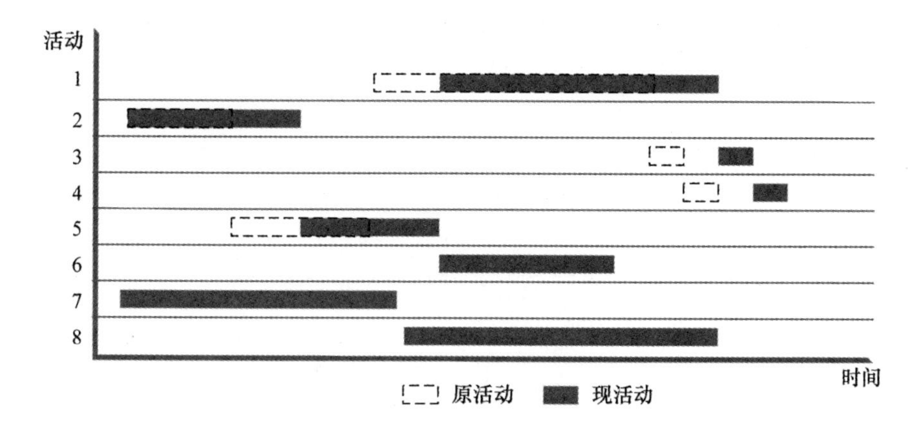

图8-6　算例8延误示例

确定每个活动最多施工人数的依据是施工效率，即找到某一个施工人数 p，在此之前每增加一个施工人员，施工效率都有所提升；在此之后，每增加一个施工人员，施工效率不升反降，则 p 为该活动最多施工人数。基于公式（8-6），在超员对效率的影响参数 γ_i 和正常施工人数 p_i^{nor} 已知的情况下，各活动最多施工人数可表示为 $p_i = \frac{(1+\gamma_i)\cdot p_i^{nor}}{2\cdot\gamma_i}$，如求得的 p_i 为小数，则当 p_i 小数部分≤5 时向下取整，否则向上取整。表8-3展示了 $\gamma_i = 0.5$ 时的各活动不同执行模式。

表8-3　活动执行模式

活动编号	模式	员工数（人）	计划工期（天）	最多员工数（人）
1	1	2	8	3
	2	4	6	6
2	1	5	3	7
	2	10	2	15
3	1	2	2	3
	2	5	1	7

续表

活动编号	模式	员工数（人）	计划工期（天）	最多员工数（人）
4	1	6	2	9
	2	8	1	12
5	1	6	4	9
	2	10	3	15
6	1	2	4	3
	2	4	3	6
7	1	4	8	6
	2	6	6	9
8	1	4	8	6
	2	6	6	9

此外，参考 Jeunet 和 Orm（2020）的结论，将加班对质量的影响因子 λ_i^O 设置为超员影响因子 λ_i^R 的两倍，其他部分固定参数及算法参数与第六章保持一致，见表 8－4。

表 8－4　　算法参数

序号	参数	序号	参数
1	$Q_i = 0.92$	7	$T_{MIN} = 20$
2	$e_{ij} = 1$	8	$\alpha = 0.9$
3	$\gamma_i = 0.5$	9	$T_{MAX} = 100$
4	$\lambda_i^R = 0.0125$	10	$L^{Tabu} = \lfloor\sqrt{\lceil N \rceil}\rfloor = 3$
5	$\lambda_i^O = 0.025$	11	$S_{MAX} = 10$
6	$\lambda_i^Q = 0.1$		

对各活动单位超员成本的设置采取随机数生成的方式，范围为［100，300］，单位加班成本是超员成本的 1.5 倍。各活动延误成本为随机生成的参数，并设置了两种参数生成规则。其中规则 1 范围为［600，1000］，规则 2 范围为［0，1600］，结果见表 8－5。

表 8－5　　单位调度成本

活动	单位超员成本	单位加班成本	单位延误成本	
			规则 1	规则 2
1	253	380	705	1060
2	211	317	980	201
3	216	324	806	1564
4	173	260	658	1320
5	178	267	668	72
6	279	419	946	160
7	112	168	769	548
8	103	155	922	28

实验分析内容包括：分析最优解；比较不同延误成本下的不同策略形成的调度方案，以分析不同策略的适用性。

二　实验结果分析

根据上述参数设置所求得的结果见表 8－6。其中，各活动与原进度计划执行时间有所变动的结果加粗显示，各算例的反应式调度最优结果以下划线显示。

表 8－6　　三种策略的最优解

算例	策略	规则 1			规则 2		
		延误成本	执行时间	调度成本	延误成本	执行时间	调度成本
1	策略 1	5674	（7，0，6，13，3，0，0，7）	6775.36	8032	（7，0，6，13，3，0，0，7）	6182.36
	策略 2		（9，0，8，15，4，0，0，7）	<u>5674</u>		（7，0，6，13，3，0，0，7）	6182.36
	策略 3		（9，0，8，15，4，0，0，7）	<u>5674</u>		（5，0，4，11，13，0，0，7）	<u>792</u>

续表

算例	策略	规则 1			规则 2		
		延误成本	执行时间	调度成本	延误成本	执行时间	调度成本
2	策略 1	9447	(7, 5, 12, 14, 0, 0, 0, 7)	9939	12435	(7, 5, 12, 14, 0, 0, 0, 7)	8736
	策略 2		(7, 5, 13, 15, 0, 0, 0, 7)	8523		(7, 5, 12, 14, 0, 0, 0, 7)	8736
	策略 3		(7, 5, 13, 15, 0, 0, 0, 7)	8523		(5, 10, 12, 14, 0, 0, 0, 7)	8681
3	策略 1	5674	(3, 0, 10, 11, 12, 3, 0, 7)	5267.2	8032	(3, 0, 10, 11, 12, 3, 0, 7)	5622.2
	策略 2		(4, 0, 10, 11, 12, 3, 0, 7)	4828		(4, 0, 10, 11, 12, 3, 0, 7)	5538
	策略 3		(4, 0, 10, 11, 12, 3, 0, 7)	4828		(6, 0, 4, 5, 14, 3, 0, 7)	4384
4	策略 1	12596	(9, 7, 14, 16, 0, 0, 1, 8)	13661.16	16580	(9, 7, 14, 16, 0, 0, 1, 8)	13454.16
	策略 2		(9, 7, 15, 17, 0, 0, 1, 8)	12245.16		(9, 7, 14, 16, 0, 0, 1, 8)	13454.16
	策略 3		(14, 8, 11, 13, 0, 0, 1, 8)	8855		(14, 8, 11, 13, 0, 0, 1, 8)	8224
5	策略 1	4264	(0, 8, 12, 13, 14, 1, 0, 7)	6526	5912	(0, 8, 12, 13, 14, 1, 0, 7)	7350
	策略 2		(0, 8, 12, 13, 14, 1, 0, 7)	4034		(0, 8, 12, 13, 14, 1, 0, 7)	4858
	策略 3		(0, 8, 12, 13, 14, 1, 0, 7)	4034		(0, 8, 12, 13, 14, 1, 0, 7)	4858
6	策略 1	4264	(0, 8, 12, 13, 14, 1, 0, 7)	6526	5912	(0, 8, 12, 13, 14, 1, 0, 7)	7350
	策略 2		(0, 8, 12, 13, 14, 1, 0, 7)	4034		(0, 8, 12, 13, 14, 1, 0, 7)	4858
	策略 3		(0, 8, 12, 13, 14, 1, 0, 7)	4034		(0, 8, 12, 13, 14, 1, 0, 7)	4858

续表

算例	策略	规则1			规则2		
		延误成本	执行时间	调度成本	延误成本	执行时间	调度成本
	策略1		(10，7，9，16，0，0，0，9)	14347.16		(10，7，9，16，0，0，0，9)	14236.16
7	策略2	12596	(10，7，9，18，0，0，0，9)	12245.16	16580	(10，7，9，18，0，0，0，9)	13458.16
	策略3		(10，7，9，18，0，0，0，9)	12245.16		(12，8，10，11，0，0，0，9)	11638
	策略1		(7，0，15，16，4，9，0，8)	5635.16		(7，0，15，16，4，9，0，8)	5039.16
8	策略2	5674	(8，0，15，16，4，9，0，8)	4795	8028	(8，0，15，16，4，9，0，8)	4554
	策略3		(8，0，15，16，4，9，0，8)	4795		(9，0，13，14，15，9，0，8)	864
	策略1		(10，0，16，17，3，9，0，8)	10062.16		(10，0，16，17，3，9，0，8)	12547.16
9	策略2	8676	(11，0，19，20，3，9，0，8)	8676	15776	(10，0，16，17，3，9，0，8)	12547.16
	策略3		(11，0，19，20，3，9，0，8)	8676		(13，0，11，12，3，9，0，8)	6360
	策略1		(0，14，16，17，8，0，0，7)	8540.68		(0，14，16，17，8，0，0，7)	8402.68
10	策略2	9776	(0，14，17，18，8，0，0，7)	8102.68	12340	(0，14，17，18，8，0，0，7)	8402.68
	策略3		(0，14，17，18，8，0，0，7)	8102.68		(0，14，17，18，8，0，0，7)	8402.68

从上述结果中我们看到，90%的算例经过反应式调度后的最优成本都低于原计划的延误成本，即不采取反应式调度放任延误而产生的成本，尤其在规则2中，40%的算例的优化程度超过50%，这

表明对于突发性空间干涉造成的进度延误进行反应式调度有较大的必要性，尤其在延误成本越高时，反应式调度效果越明显。

我们还能看到，算例 8 和算例 9 的进度计划相似，但算例 8 的干涉活动比算例 9 的干涉活动更早执行，结果表明算例 8 成本目标优化了 89.24%，而算例 9 的优化程度为 59.61%，可以看出，发生空间干涉的活动越早执行，反应式调度的调整余地越大，越易对原计划进行较大程度的优化，以实现更低的反应式调度成本。

比较不同策略的调度方案能够看到，75% 的算例采用策略 2 得到的结果都优于采用策略 1 所得到的，表明在赶工成本各不相同的项目中，综合考虑各项活动的赶工成本进行调度能够比单纯考虑维持进度计划的调度实现更低的调度成本，这一点在延误成本与赶工成本相差不大的情况下体现得尤为明显，如在规则 1 的调度结果中，由于各活动延误成本相差不大且略低于赶工成本，因此所有的策略 2 都优于策略 1。

而策略 3 相比于策略 2 的优势则没有这样显著，这主要受限于算例中活动的数量以及干涉活动的执行顺序。但是，观察结果可以看到，在各活动延误成本相差较大的规则 2 中，策略 3 的优势更加明显，70% 的算例都优于策略 2，且优化程度较高，这表明在面对不同的较高延误成本的情况下，综合考虑各活动的赶工成本和延误成本进行调度能够有效降低调度成本，而在延误成本差距不大的情况下则优势有限。

总体而言，在延误成本较高时对突发空间干涉采取反应式调度能够有效减少调度成本，其中，空间干涉越早发生则反应式调度优化的空间越大。从三种策略的比较实验看出，策略 1 计算方式简单、计算效率更高，但策略 2 和策略 3 搜索空间更大，易得到调度成本更低的方案；策略 2 适用于各活动延误成本差距不大的情况；尽管策略 3 计算复杂，但在各活动延误成本差距较大的情况下更有优势。

第四节　本章小结

本章节在前文的基础之上进一步思考面对突发空间干涉的工程反应式调度问题，通过研究如何安排未执行的工程活动的执行时间及其赶工模式选择，使其与项目原进度计划的反应式调度成本最小。首先综合考虑延误成本和赶工成本，建立了单目标非线性整数规划模型，其中考虑了超员、加班、ASI 等决策对活动作业质量和效率的影响，引入工期—人员—加班计算公式。进一步地，提出了启发式修复策略（策略 1）、模式重选择策略（策略 2）、完全重调度策略（策略 3）三种反应式调度策略并设计相应的算法求解。最后，通过一个工程施工案例验证方法的有效性以及各策略的适用性。实验结果表明，三种策略都能够在一定程度上优化进度计划，减少空间干涉带来的成本。其中，策略 1 计算效率更高且适用于延误成本大幅度高于赶工成本的情形；策略 2 更适用于各活动延误成本差距不大的情形；策略 3 则适用于活动延误成本差异较大的复杂情形。

第九章

基于 BIM 的施工空间干涉识别与应急管理系统

随着中国建筑行业的快速发展，建设项目趋于复杂化、大型化，随之而来的是建设困难程度的显著提高，施工过程所涉及的设备、人员数量的大幅增多，以及对于施工现场的管理要求的不断提升，识别与应对空间干涉问题对整个项目建设的顺利开展起着重要作用。目前，随着 BIM 技术的快速发展与广泛应用，其可视化和数字化的特点可以很好地用于识别与解决空间干涉问题。因此，本章设计了基于 BIM 技术的施工空间干涉的识别与应急管理系统（以下简称“系统”），分别介绍该系统的组成模块，以及该系统从形成施工作业预计划到识别与应对实际施工所遇到的突发空间干涉问题的流程，为解决此类问题提供参考。

第一节　系统总体框架

一　系统框架设计

系统架构由数据层、支撑层、应用层以及用户层共四层组成，如图 9 - 1 所示。数据层为系统中最基础的部分，可通过软件库生成

BIM 模型，并与施工管理相关数据相连接，存储各类数据；支撑层为 BIM 信息集成管理平台，通过该平台对数据进行处理，实现从数据层到应用层各模块的集成；应用层在支撑层的基础上，接收用户层的指令后根据所接收的数据信息在相应模块进行处理；用户层主要为终端用户群，包括各类管理人员，其通过对应用层各个模块的管理应用实现对整个系统的管理。

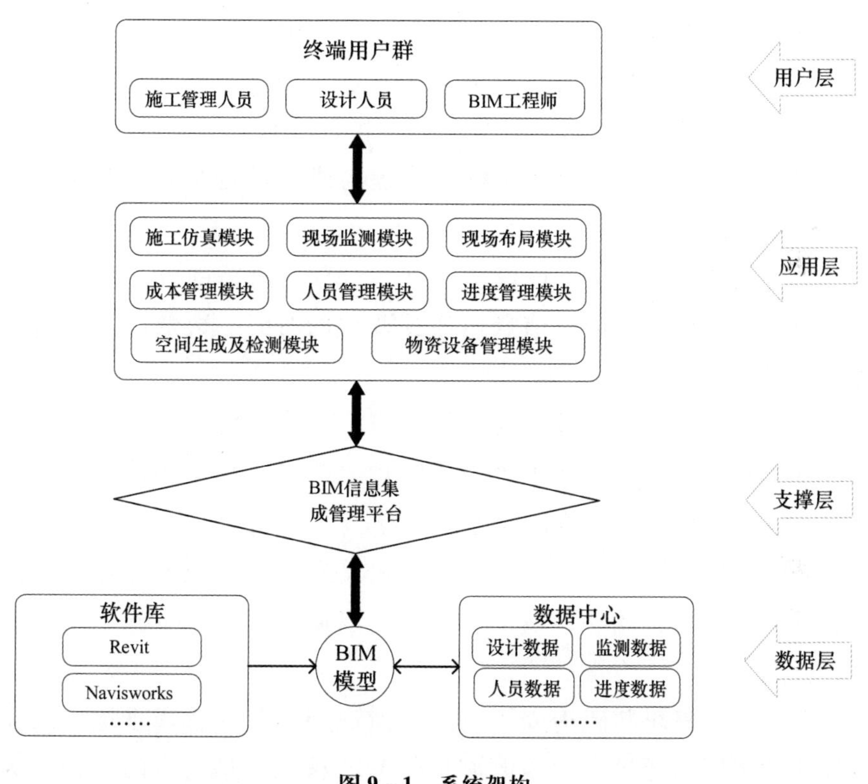

图 9－1　系统架构

二　系统模块设计

根据空间冲突识别与应急管理流程，系统内应用层主要分为八个模块，各个模块具体功能如下。

施工仿真模块：该模块利用 BIM-3D 软件对 BIM 信息集成管理平台中的数据进行应用与分析，根据施工进度实现对施工过程的模拟仿真，进而获得动态施工过程中所需的各类信息。

空间生成及检测模块：该模块主要应用于施工仿真过程中的碰撞检查，对施工过程中所需的各类设备、操作过程生成作业空间，并进行空间冲突检测，生成检测结果辅助决策。

现场布局模块：该模块对整个工程现场各类设备、静态建筑物、物资存放处、设备行经路线以及施工作业空间等进行动态布局模拟，实现对现场布局的整体规划。

进度管理模块：该模块对施工全过程的施工总进度计划、分部分项进度计划等进行实时数据采集，实现自动检测施工进度、实时对比施工进度计划，并以可视化的形式进行展示。

成本管理模块：该模块对整个工程的成本进行统计，并对施工过程中所需的各类资源成本信息进行记录以及实时控制。

物资设备管理模块：该模块对施工过程中所需的各类物资设备进行动态记录管理，记录信息包括其调用的时间、数量以及实时的运行状况。

现场监测模块：该模块通过传感器、视频采集等方式对施工现场进行实时监控，实现施工可视化管理，同时对相关数据进行实时处理，以便对现场的危险情况进行预警。

人员管理模块：该模块对人员的相关属性进行记录并对人员位置进行实时更新，此外，施工人员还可以通过该模块对施工现场问题进行上报。

上述八个模块共同构成了空间干涉识别与应急管理系统中最为基础的应用层，通过对输入的海量数据的精准处理与实时管理，为终端用户提供了稳定且深入的数据支持服务。

第二节　系统运行流程

本系统主要使用 Revit、Navisworks 等软件实现工程三维建模以及施工动态模拟，主要在施工前准备阶段和施工阶段运行，分别针对空间干涉问题进行预防性设计、高效性应对与适应性调整。

一　施工前准备阶段

在此阶段，主要利用系统实现施工前的碰撞检查以及相关问题的记录，系统工作流程如图 9－2 所示。

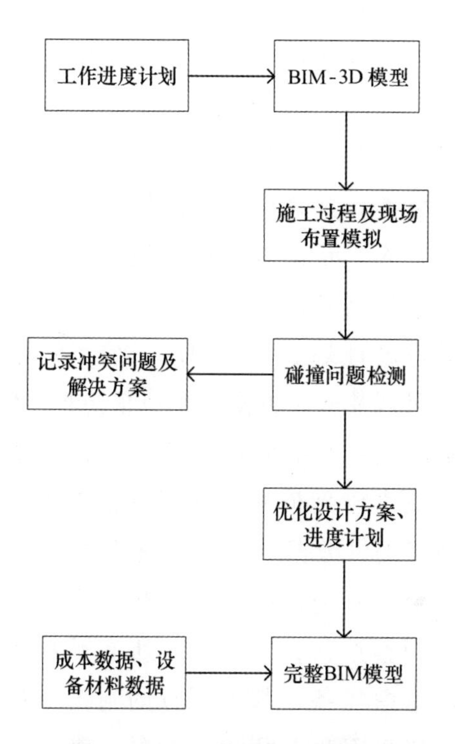

图 9－2　施工前系统工作流程

首先基于 Revit、Civil 3D 等软件构建工程建筑三维信息模型，导出 Navisworks 模型，以 nwc 为中介文件，搭建起核心模型与辅助模型的桥梁，生成完整的建筑三维可视化模型，导入数据层。

接着利用 BIM 模型参数化的特点，对工程建设子项目以及构件进行碰撞检查。碰撞可分为硬碰撞与软碰撞，硬碰撞指工程项目构件实体部分出现了碰撞，主要是指固定构件之间的位置发生交叉，或者模型对象在静止状态下与其他对象发生接触；软碰撞则是指在进行施工作业的时候产生的空间冲突与交叉。目前执行碰撞检查所采用的常见算法有包围球、AABB 包围盒、OBB 包围盒等以包围盒为基础的 3D 空间占用模型、融合了进度空间的占用模型，以及作业空间冲突识别的混合算法，等等。本系统在这一阶段利用前期导入的施工进度计划，结合上一个步骤生成的三维模型，在施工仿真模块与现场布局模块中使用 Navisworks 软件进行施工过程模拟，并将结果连接到空间生成及检测模块，在该模块中应用内置的作业空间冲突识别的混合算法进行空间冲突检测。

接着，在 BIM 信息集成管理平台中对上述检测产生的大量碰撞点进行优化分组与分类，并将构件之间发生的硬性碰撞问题反馈给相关领域的专业负责人，帮助其对相关模型构件进行修正，实现模型优化；对于软碰撞问题则通过定量的评价方法进行解决，以优化施工现场布局以及进度计划。与此同时，该系统还将在平台中完整记录所发生的碰撞问题及解决方案，生成信息库。

最后，在此基础上，本系统将把优化后的相关信息通过 BIM 信息集成平台更新到成本管理模块、物资设备管理模块、进度管理模块等，为后续的施工提供数据支撑及管理基础。

在施工前准备阶段所进行的冲突碰撞检测及其相应操作通过三维信息模型的反复调整迭代，能够规避所有预料的不可行空间干涉问题的发生，生成考虑完备、基本可行的施工全过程管理计划，实现“事前”空间干涉的预防性设计。此外，基于迭代信息构建的空间干涉信息库能够为后续施工中突发的空间干涉事件提供参考，提升管理人员相应的应急能力。

二 施工阶段

在此阶段，系统实现对施工过程中突发的空间干涉问题进行识别及解决，流程如图 9 - 3 所示。

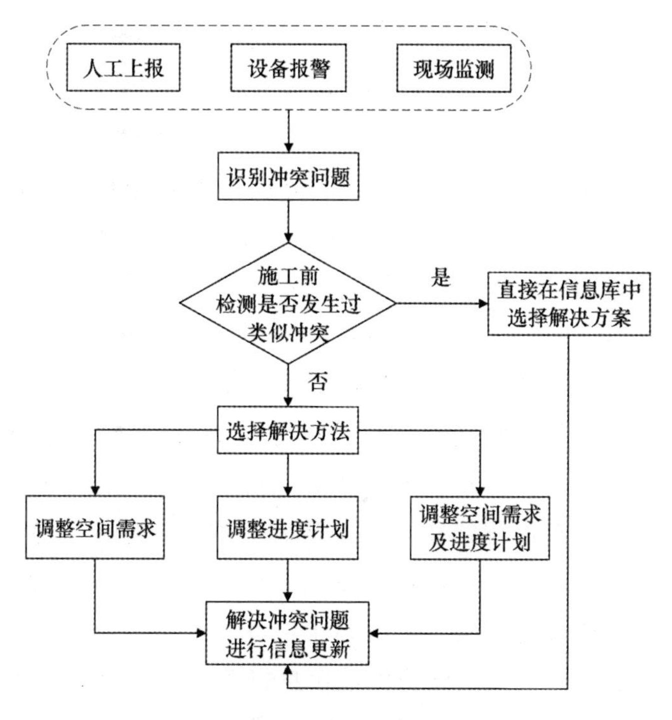

图 9-3　施工过程中系统运行流程

（一）空间干涉问题识别

经过施工前准备阶段的操作后，工程进入正式施工阶段。在施工过程中，管理人员可基于系统不同模块利用人工上报、设备预警以及现场监测三大手段识别突发空间干涉问题。首先，人员管理模块中储存了人员定位及属性信息，当发生不能及时解决的空间干涉问题并影响到施工进程时，现场施工人员可拍照记录，并在该模块中进行信息数据上报。其次，设备物资管理模块对所有运行设备进行了实时监控定位，同时设备上安装有报警系统，若设备运行过程中发生工作空间不足或者运输路径堵塞等现象，设备将暂停运行并报警，在该模块自动生成设备位置的相关信息。最后，现场监测模块通过对现场的施工过程进行实时可视化监测，主要对有可能发生的空间干涉问题和因为作业空间交叉导致的安全隐患进行预测与警示，该模块生成的实时数据信息将反馈至 BIM 信息集成管理平台进而传输到空间生成及检测模块，进行空间冲突检测。

（二）空间干涉问题应对及适应性调整

当识别到空间干涉问题后，系统首先将该问题与信息库中存储的施工前的碰撞检测问题进行对比，判断是否发生过类似冲突问题，若是，则直接调用信息库中对应的解决方案进行调整；否则，则依据问题类型分别采取以下三种策略。

一是调整空间需求。此种策略针对对施工进度影响较小的空间干涉问题，例如路径堵塞、设施布局交叉等。首先在 BIM 信息集成管理平台上对收集的问题位置数据进行分析与处理，随后将其整合到现场布局模块，在该模块上调整施工材料的位置或者修改设备的空间参数，并重新进行路径规划。然后，重新对施工工地的整体布局进行空间分配或者在局部以化整为零的方式对人员或设备位置进行调整，并将调整后的信息导入施工仿真模块以及 BIM 信息集成管理平台进行更新，用户层将依据该信息指挥现场人员进行修正调整。

二是调整进度计划。此种策略针对干扰到施工进程，且作业空间由于设备受限等原因不能调整的空间干涉问题，如有硬空间约束的并行工序的作业空间冲突问题。在该类干涉问题发生后，系统将在 BIM 信息集成管理平台对问题位置信息进行整理，并导入进度管理模块，在该模块中判断并行工序的重要程度以及对后续工序的影响程度，基于这些信息，通过修改某些工序的时间参数获得进度调整计划，并将这些计划引入成本管理模块，对其产生的经济后果进行计算，比对不同进度调整计划的成本以生成最优的进度调整计划（具体算法设计见第八章），以此得到最终的施工进度计划以及成本计划的最优适应性调整。

三是同时调整空间需求及进度计划。此种策略针对干扰到施工进程，且空间布局必须发生改变的空间干涉问题，例如安全作业空间无法得到满足等问题。这一策略结合上述两种方法，同时对空间布局以及进度计划进行调整，在修改机械设备或者材料空间参数的基础上，对工序的时间参数进行调整修改，并对调整的方案进行成本评估，修改空间布局以及进度计划。

上述在施工阶段对突发性空间干涉问题的识别与应对策略依靠 BIM 信息集成管理平台，连接工程施工现场与三维建筑模型，将现实情景与数据精准配对，实现高效性应对。此外，BIM 信息集成管理平台将应用层八大模块有机结合，为工程再决策提供有效数据支撑，实现工程全过程管理计划的适应性调整。

第三节　本章小结

建设项目在施工前以及施工过程中的空间干涉问题的识别和处理对于确保整个工程项目的顺利进行具有重要意义，本章通过构建基于 BIM 技术的施工空间干涉的识别与应急管理系统，设计完善的实施流程与应对策略，整合与分析重要信息资源，为工程突发性空间干涉全过程管理提供良好的数据支持与决策辅助，并为企业日后解决突发空间干涉问题奠定基础，提供参考建议。

第十章

对本书的总结

建设工程是人类造物的实践活动，建设工程成果的核心标志是构筑一个新的、具有一定物理结构的存在物。空间是运动着的物质的存在形式和固有属性。在工程建设期间，工程构件和材料等本身需要占据一定的空间，设备运作和人力操作过程同样需要一定的作业空间。因此，建设工程项目活动执行除了对材料、人、设备等资源的利用和消耗，空间资源也是必不可少的重要资源之一。事实上，空间资源作为一类重要的工程资源，已经被越来越多的工程实践者予以高度重视，并且被视为工程项目调度研究中的重要因素。工程管理者若忽略施工现场的空间信息，制定工程项目调度方案，则容易产生活动的空间需求冲突、空间拥挤等情况，从而影响工程的进度、工程质量以及施工安全。因此，在制定工程项目调度方案时需要考虑活动的空间资源需求信息，并减少或避免活动之间的空间干涉，保证活动具有充足的空间。然而，目前的相关研究大多聚焦于借助计算机模拟技术模拟调度方案的执行过程，通过局部地发现空间干涉、调整方案、再模拟检验新方案这一系列步骤来解决调度方案中的空间资源冲突问题，但缺乏对调度方案全局性、整体性的设计。鉴于此，本书综合了项目施工管理、运筹学和智能优化算法等领域的理论与方法，研究考虑空间资源约束的工程项目调度问题。

基于目前工程空间需求、空间干涉等相关文献，对文献中的相关零散知识进行梳理和总结，总结空间资源与空间干涉的特征、分类与度量。进一步地，将工程活动的空间资源特征引入一般性的资源受限项目调度优化理论，针对不同实践需求，分别研究考虑多重空间资源约束的工程项目调度问题、空间干涉影响下工期可变的工程项目调度问题、考虑空间干涉可接受性的工程项目调度问题、考虑施工位置—空间双重属性的工程项目调度问题，以及考虑空间干涉的工程反应式调度问题五类问题。针对每类问题，均从工程项目调度数学模型建立、智能优化算法设计以及工程案例应用三个方面递进展开。最后，结合现代化、智能化工程管理需求，设计了基于 BIM 技术面对施工突发空间干涉的识别与应急管理系统。具体而言，本书的主要工作包括以下几个方面。

第一，考虑多重空间资源约束的工程项目调度模型及优化算法研究。考虑安全威胁、物理冲突、破坏冲突和拥堵四类空间干涉，建立带有多重空间干涉约束的工程项目调度模型。设计应对该问题的 TSA，尤其是在 SGS 的设计里融入了多重空间干涉约束条件。基于一个工程实例和随机生成的算例进行实验分析，结果表明，TSA 生成的最优工程项目调度方案能有效地避免安全威胁、物理冲突、破坏冲突三类空间冲突发生，并将拥堵控制在一定范围内。

第二，空间干涉影响下工期可变的工程项目调度模型及优化算法研究。在工程项目调度优化问题中考虑空间干涉对作业效率的动态影响，对空间干涉程度进行度量，进一步提出作业效率关于空间干涉的函数关系式，并建立考虑动态空间干涉的工程项目调度优化模型。为求解该问题，有针对性地设计编码和解码机制，采用 AAA 有效求解。通过一个工程案例并进行实验分析，结果表明，与传统调度方法的结果进行比较，本书提出的方法可以更有效地减轻空间干涉，将 AAA 和经典的 GA 进行比较实验，结果表明 AAA 在计算效率和效果方面优于 GA。

第三，考虑空间干涉可接受性的工程项目调度模型及优化算法研究。根据空间干涉的可接受性，将空间干涉划分为USI和ASI，研究在工程项目调度中如何避免USI的发生以及控制ASI的程度，以达到时间、成本、资源均衡最小化三个目标。建立多目标数学模型，进而设计两阶段智能优化算法求解。最后，通过一个工程案例验证方法的有效性。实验结果表明，该方法能有效地避免USI的发生，并控制ASI对项目工期的影响。与传统的经验方法相比，两阶段智能优化算法求得的调度方案的工期更短且资源均衡度更好。

第四，考虑施工位置—空间双重属性的工程项目调度模型及优化算法研究。针对施工现场的地理分布式特征，考虑资源在施工点之间的转移时间和转移成本，研究考虑活动的位置和空间双重属性的工程项目调度问题，同时以完工时间、成本和空间干涉程度最小化为目标，建立多目标数学模型，进而设计NSGA-Ⅱ-EM算法求解该问题。基于一个重复性工程案例验证模型和算法的有效性。实验结果表明，本书所提出的模型和算法可以更有效地利用资源，减少空间干涉，为员工提供良好的作业环境。同时，本书还解决了传统工程项目调度研究中存在的一些难题，如Ioannou和Yang（2016）提出的工程资源初始位置不同，重复性单元的结构、员工构成和活动执行模式不同，资源可以在不同施工点来回作业等其他研究中未解决的问题。

第五，考虑空间干涉的工程反应式调度模型及优化算法研究。针对突发的空间干涉事件，研究考虑空间干涉事件发生之后的工程反应式调度问题，具体决策包括如何合理地安排未执行工程活动的执行时间及选择其赶工模式。首先，以延误成本和赶工成本的加权作为优化目标建立了单目标非线性整数规划模型，进一步考虑超员、加班作业对活动作业质量的影响引入作业质量函数，以及超员对作业效率的影响引入工期—人员—加班计算公式。其次，提出了三种反应式调度策略并设计相应的算法求解。最后，通过一个工程施工案例验证方法的有效性以及各策略的适用性。

第六，空间干涉识别与应急管理系统框架搭建。为拓展本书的实际应用，设计了一个空间干涉识别与应急管理系统框架，基于BIM通过施工仿真模块、现场监测模块、空间生成及检测模块、进度管理模块等八大模块协同运行，实现对施工前以及施工过程中的空间干涉识别与应急管理。该系统为“事前”空间干涉的预防性设计，“事中”分析应对施工现场临时性、突发性空间干涉问题，以及“事后”进度、成本等管理计划模块的适应性调整提供了良好的平台。

综上所述，本书在已有文献的基础上，结合实践中工程空间的相关知识，将“空间资源”引入工程项目调度问题的研究，梳理工程中的空间资源需求、数学化表示以及空间干涉的定义、分类和度量，进一步将空间资源约束和传统的资源受限项目调度理论相结合，从理论模型的角度研究空间干涉对工程项目调度的主要目标，如工期、成本、资源均衡等方面的影响，建立考虑各类空间资源约束的工程项目调度的一般数学模型，继而设计智能优化算法求解问题，得到满足空间资源约束条件的调度计划方案。实验结果表明，本书提出的模型和优化算法有助于保证工期、成本等目标，降低作业空间干涉风险，提高施工作业效率和质量。

从理论角度上，本书不仅丰富了工程调度和工程空间资源的相关研究，同时也对传统项目调度问题研究进行了扩展。同时，从实践角度上，本书的研究对现实工程管理具有一定的实践指导作用，可以为工程管理者提供科学合理的决策支持，有助于提高工程管理者的管理水平，提升工程建设施工企业的行业竞争力。

最后，本书主要是从资源受限项目调度理论出发，在工程项目管理背景下，聚焦空间资源做的扩展性研究，因此，研究偏重于优化模型构建和算法设计。笔者希望本书内容能为解决工程项目实际问题提供参考，对工程项目管理人员能力的提升和工程智能化管理做出一点贡献。然而，任何一条从理论研究到实践应用贯通的“道路”都难以仅靠单人的力量“铺”起来，真诚希望与工程管理、信息管理、智能计算等跨领域专家和学者一起努力，为相关研究的开发应用落地，为新时代工程管理的发展贡献一份力量。

参考文献

白思俊主编:《现代项目管理》中册，机械工业出版社 2004 年版。

[德] Christian Blum, Daniel Merkle (Eds.) 著:《群智能》，龙飞译，国防工业出版社 2011 年版。

黄红选、韩继业编著:《数学规划》，清华大学出版社 2006 年版。

雷德明、严新平编著:《多目标智能优化算法及其应用》，科学出版社 2009 年版。

梁艳春等:《群智能优化算法理论与应用》，科学出版社 2009 年版。

林锉云、董加礼编著:《多目标优化的方法与理论》，吉林教育出版社 1992 年版。

邱菀华等:《项目管理学——工程管理理论、方法与实践》，科学出版社 2001 年版。

盛昭瀚等:《大型工程综合集成管理——苏通大桥工程管理理论的探索与思考》，科学出版社 2009 年版。

盛昭瀚等:《基于计算实验的工程供应链管理》，上海三联书店 2013 年版。

寿涌毅:《项目调度的数学模型与启发式算法》，浙江大学出版社 2019 年版。

孙绍荣主编:《工程管理学》，机械工业出版社 2014 年版。

邢文训、谢金星编著:《现代优化计算方法》(第 2 版)，清华大学出版社 2005 年版。

徐玖平、胡知能编著:《中级运筹学》，科学出版社 2008 年版。

姚玉玲、刘靖伯主编：《网络计划技术与工程进度管理》，人民交通出版社2008年版。

赵秋红、肖依永、N. Mladenovic 编著：《基于单点搜索的元启发式算法》，科学出版社2013年版。

白礼彪等：《基于改进遗传算法的资源限制建设工程多项目调度》，《计算机与现代化》2016年第8期。

白思俊：《资源有限的网络计划与启发式优化方法及其评价与选择——启发式优化方法综述》，《中国管理科学》1993年第2期。

陈科良等：《BIM技术下建筑施工现场空间布局优化探究》，《江西建材》2022年第6期。

初梓豪等：《带有活动重叠的多模式资源受限项目调度问题》，《计算机集成制造系统》2017年第3期。

方晨、王凌：《资源约束项目调度研究综述》，《控制与决策》2010年第5期。

何杰光等：《求解资源受限项目调度的双种群准粒子群算法》，《计算机集成制造系统》2015年第9期。

何正文等：《前摄性及反应性项目调度方法研究综述》，《运筹与管理》2016年第6期。

胡信布等：《基于资源约束的突发事件应急救援鲁棒性调度优化》，《运筹与管理》2013年第2期。

黄敏镁、江涛：《资源约束项目调度问题研究综述》，《科协论坛》（下半月）2007年第2期。

蒋根谋：《多资源约束下包含资源使用顺序关系最优施工计划的确定》，《铁道科学与工程学报》2005年第3期。

乐云等：《从复杂项目管理到复杂系统管理：北京大兴国际机场工程进度管理实践》，《管理世界》2022年第3期。

李先进、焦杰：《网络计划技术在工程项目管理中的应用》，《重庆建筑大学学报》（社会科学版）2001年第2期。

李真等：《工程建设中供应链理论元素识别与内涵分析》，《建筑经济》2015 年第 7 期。
刘士新等:《多执行模式资源受限工程项目调度问题的优化算法》,《系统工程学报》2001 年第 1 期。
刘占省等:《BIM 技术全寿命周期一体化应用研究》,《施工技术》2013 年第 18 期。
卢睿、李林瑛:《一种求解反应式项目调度问题的启发式方法》,《系统仿真学报》2011 年第 2 期。
陆志强、刘欣仪:《考虑资源转移时间的资源受限项目调度问题的算法》,《自动化学报》2018 年第 6 期。
毛宁等:《MRCPSP 的一种精确算法》,《控制理论与应用》2001 年第 1 期。
宁敏静等:《基于随机活动工期的多模式现金流均衡项目调度优化》,《运筹与管理》2019 年第 9 期。
庞南生、黄抒艺:《引入工作量的多模式资源受限项目应急调度》,《四川建材》2015 年第 5 期。
彭武良等:《多模式关键链项目调度问题及其启发式求解》,《计算机集成制造系统》2012 年第 1 期。
宋红星、曹文彬:《基于双种群蚁群算法的多目标资源受限项目调度问题研究》,《信息系统工程》2010 年第 4 期。
苏相岗、吴泓康:《BIM 技术在施工方案优化中的应用研究》,《建材世界》2016 年第 2 期。
苏小超等:《BIM 技术在城市地下空间开发中的应用》,《解放军理工大学学报》(自然科学版) 2014 年第 3 期。
陶莎、盛昭瀚:《带有多重空间干涉约束的工程项目调度优化》,《系统管理学报》2018 年第 1 期。
陶莎等:《项目调度与多尺度资源配置的集成优化》,《管理工程学报》2018 年第 1 期。
王广斌等:《建设工程项目前期策划新视角——BIM/DSS》,《建筑科学》2010 年第 5 期。

王海鑫等:《自适应粒子群算法求解资源受限多项目调度问题》,《管理工程学报》2017 年第 4 期。

王静等:《资源受限项目调度模型的施工进度管理》,《同济大学学报》(自然科学版)2017 年第 10 期。

王凌、郑环宇、郑晓龙:《不确定资源受限项目调度研究综述》,《控制与决策》2014 年第 4 期。

王巍、赵国杰:《粒子群优化在资源受限工程项目调度问题中的应用》,《哈尔滨工业大学学报》2007 年第 4 期。

王雪青等:《基于 BIM 实时施工模型的 4D 模拟》,《广西大学学报》(自然科学版)2012 年第 4 期。

王艳红:《基于 BIM 的施工现场出行路径布局规划》,《市政技术》2021 年第 6 期。

吴清平等:《超大深基坑 BIM 施工全过程模拟与分析研究》,《工程建设》2013 年第 5 期。

熊燕华等:《工程项目调度技术研究综述》,《数学的实践与认识》2013 年第 21 期。

熊鹰等:《建设项目资源优化配置理论》,《北京交通大学学报》(社会科学版)2007 年第 2 期。

于静等:《带有活动重叠的资源受限项目调度问题建模与求解》,《系统工程理论与实践》2015 年第 5 期。

张静文、单绘芳:《可更新资源受限的工期—费用权衡问题及粒子群算法》,《系统管理学报》2012 年第 2 期。

张静文、刘耕涛:《鲁棒性视角下的关键链项目调度新方法》,《运筹与管理》2015 年第 3 期。

张静文等:《项目调度中的时间—费用权衡问题研究综述》,《管理工程学报》2007 年第 1 期。

张立茂等:《基于 BIM 的工程施工安全关键技术研究》,《建筑经济》2018 年第 8 期。

张沙清等:《基于改进多目标微粒群算法的模具多项目反应调度》,

《中国机械工程》2011 年第 10 期。
郑维博等：《随机工期下基于可更新资源约束的 Max-npv 项目鲁棒性调度优化》，《管理工程学报》2017 年第 4 期。
宗砚等：《考虑资源传递时间的多项目调度问题》，《计算机集成制造系统》2011 年第 9 期。
曹玉书：《推动工程建设行业持续健康发展》，《人民日报》2013 年 12 月 24 日第 13 版。
丁雪枫、尤建新：《多模式资源受限项目调度问题的混合优化算法研究》，第十四届中国管理科学学术年会论文，济南，2012 年 11 月。
毕安东：《基于突发事件的工程项目反应性调度优化研究》，硕士学位论文，安徽工业大学，2018 年。
褚春超：《工程项目进度管理方法与应用研究》，硕士学位论文，天津大学，2006 年。
邓林义：《资源受限的项目调度问题及其应用研究》，博士学位论文，大连理工大学，2008 年。
刁训娣：《基于多目标遗传算法的项目调度及其仿真研究》，博士学位论文，上海交通大学，2010 年。
胡淑芳：《考虑资源技能和时间窗特性的任务可拆分项目调度》，硕士学位论文，华中科技大学，2012 年。
李诗娴：《基于净现值的资源受限型项目调度问题研究》，博士学位论文，天津大学，2012 年。
马芳丽：《工期—资源模糊条件下多资源受限项目调度研究》，硕士学位论文，中国石油大学（华东），2016 年。
倪倩芸：《基于改进遗传算法的多模式资源受限项目调度问题研究》，硕士学位论文，浙江工商大学，2018 年。
平菊菊：《基于变邻域离散粒子群算法的动态软件项目调度研究》，硕士学位论文，合肥工业大学，2020 年。
苏义拉：《重复性建设项目中资源均衡问题的优化模型研究》，硕士学位论文，华北电力大学，2012 年。
严飞：《不确定资源传递时间下资源受限模糊多项目调度研究》，硕士学位论文，天津大学，2012 年。
应瑛：《不确定资源约束下项目调度问题研究》，博士学位论文，浙江大学，2010 年。
张扬：《基于遗传算法的多资源约束下工程项目进度计划优化研究》，硕士学位论文，华东交通大学，2009 年。
赵轩：《求解 RCPSP 问题的迭代局部搜索算法研究》，硕士学位论文，北京交通大学，2016 年。

Adhau S., Mittal M. L., Mittal A., "A Multi-Agent System for Decentralized Multi-project Scheduling with Resource Transfers", *International Journal of Production Economics*, Vol. 146, No. 2, 2013.
Afruzi E. N., Najafi A. A., Roghanian E., Mazinani M., "A Multi-objective Imperialist Competitive Algorithm for Solving Discrete Time, Cost and Quality Trade-off Problems with Mode-identity and Resource-constrained Situations", *Computers & Operations Research*, No. 50, 2014.
Afshar-Nadjafi B., "Multi-Mode Resource Availability Cost Problem with Recruitment and Release Dates for Resources", *Applied Mathematical Modelling*, Vol. 38, No. 21–22, 2014.
Afshar-Nadjafi B., Rahimi A., Karimi H., "A Genetic Algorithm for Mode Identity and the Resource Constrained Project Scheduling Problem", *Scientia Iranica*, Vol. 20, No. 3, 2013.
Akinci B., Fischen M., Levitt R., Carlson R., "Formalization and Automation of Time-Space Conflict Analysis", *Journal of Computing in Civil Engineering*, Vol. 16, No. 2, 2002.
Allahverdi A., Ng C. T., Cheng T. C. E., Kovalyov M. Y., "A Survey of Scheduling Problems with Setup Times or Costs", *European Journal*

of Operational Research, Vol. 187, No. 3, 2008.

Amirian H., Sahraeian R., "Solving a Grey Project Selection Scheduling Using a Simulated Shuffled Frog Leaping Algorithm", *Computers & Industrial Engineering*, No. 107, 2017.

Artigues C., Leus R., Nobibon F. T., "Robust Optimization for Resource-Constrained Project Scheduling with Uncertain Activity Durations", *Flexible Services and Manufacturing Journal*, Vol. 25, No. 1-2, 2013.

Aytug H., Lawley M. A., McKay K., et. al., "Executing Production Schedules in the Face of Uncertainties: A Review and Some Future Directions", *European Journal of Operational Research*, Vol. 161, No. 1, 2005.

Baar T., Brucker P., Knust S., *Tabu Search Algorithms and Lower Bounds for the Resource-Constrained Project Scheduling Problem*, *Meta-Heuristics*, Springer US, 1999.

Balas E., "A Note on the Branch-and-Bound Principle", *Operation Research*, No. 16, 1968.

Ballestin F., Trautmann N., "An Iterated-Local-Search Heuristic for the Resource-Constrained Weighted Earliness-Tardiness Project Scheduling Problem", *International Journal of Production Research*, Vol. 46, No. 22, 2008.

Ballesti F., Blanco R., "Theoretical and Practical Fundamentals for Multi-Objective Optimisation in Resource-Constrained Project Scheduling Problems", *Computers & Operations Research*, Vol. 38, No. 1, 2011.

Besikci U., Bilge U., Ulusoy G., "Multi-Mode Resource Constrained Multi-Project Scheduling and Resource Portfolio Problem", *European Journal of Operational Research*, Vol. 240, No. 1, 2015.

Bianco L., P. Dell' Olmo, M. G. Speranza, "Heuristics for Multimode

Scheduling Problems with Dedicated Resources", *European Journal of Operational Research*, Vol. 107, 1998.

Birbil S. I., Fang S. C., "An Electromagnetism-Like Mechanism for Global Optimization", *Journal of Global Optimization*, Vol. 25, No. 3, 2003.

Blazewicz J., Cellary W., Slowinski R., et al., *Scheduling under Resource Constraints-Deterministic Models*, Basel Baltzer, 1986.

Blazewicz J., K. Ecker, E. Pesch, G. Schmidt, J. Weglarz, *Handbook on Scheduling*, Springer, Berlin, Germany, 2007.

Boctor F. F., "Some Efficient Multi-Heuristic Procedures for Resource-Constrained Project Scheduling", *European Journal of Operational Research*, Vol. 49, No. 1, 1990.

Böttcher J., A. Drexl, R. Kolisch, F. Salewski, "Project Scheduling under Partially Renewable Resource Constraints", *Management Science*, Vol. 45, 1999.

Bouleimen K., Lecocq H., "A New Efficient Simulated Annealing Algorithm for the Resource-Constrained Project Scheduling Problem and Its Multiple Mode Version", *European Journal of Operational Research*, Vol. 149, No. 2, 2003.

Bragadin M. A., Kahkonen K., "Safety, Space and Structure Quality Requirements in Construction Scheduling", *8th Nordic Conference on Construction Economics and Organization*, No. 21, 2015.

Brčić M., Kalpic D., Fertalj K., "Resource Constrained Project Scheduling under Uncertainty: A Survey", *23rd Central European Conference on Information and Intelligent Systems*, 2012.

Brucker P., "Scheduling and Constraint Propagation", *Discrete Applied Mathematics*, Vol. 123, No. 1-3, 2002.

Brucker P., Knust S., Schoo A., Thiele O., "A Branch and Bound Algorithm for the Resource-Constrained Project Scheduling Problem",

European Journal of Operational Research, Vol. 107, No. 2, 1998.

Chakrabortty R. K., Rahman H. F., Ryan M. J., "Efficient Priority Rules for Project Scheduling under Dynamic Environments: A Heuristic Approach", *Computers & Industrial Engineering*, No. 140, 2020.

Chavada R., Dawood N. N., Kassem M., "Construction Workspace Management: The Development and Application of a Novel nD Planning Approach and Tool", *Journal of Information Technology in Construction*, No. 17, 2012.

Chen R. M., "Particle Swarm Optimization with Justification and Designed Mechanisms for Resource-Constrained Project Scheduling Problem", *Expert Systems with Applications*, Vol. 38, No. 6, 2011.

Cho K., Hong T., Hyun C. T., "Space Zoning Concept-Based Scheduling Model for Repetitive Construction Process", *Journal of Civil Engineering and Management*, Vol. 19, No. 3, 2013.

Choi B., Lee H. S., Park M., Cho Y. K., Kim H., "Framework for Work-Space Planning Using Four-Dimensional BIM in Construction Projects", *Journal of Construction Engineering and Management*, Vol. 140, No. 9, 2014.

Christofides N., Alvarez-Valdes R., Tamarit J. M., "Project Scheduling with Resource Constraints: A Branch and Bound Approach", *European Journal of Operational Research*, Vol. 29, No. 3, 1987.

Coelho J., Vanhoucke M., "Multi-Mode Resource-Constrained Project Scheduling Using RCPSP and SAT Solvers", *European Journal of Operational Research*, Vol. 213, No. 1, 2011.

Cooper D. F., "Heuristics for Scheduling Resource-Constrained Projects: An Experimental Investigation", *Management Science*, Vol. 22, No. 11, 1976.

Corne D. W., Jerram N. R., Knowles J. D., Oates M. J., "PESA-Ⅱ: Region-Based Selection in Evolutionary Multiobjective Optimization",

Proceedings of the 3rd Annual Conference on Genetic and Evolutionary Computation, Morgan Kaufmann Publishers Inc., 2001.

Damay J., Quilliot A., Sanlaville E., "Linearprogramming Based Algorithms for Preemptive and Non-preemptive RCPSP", *European Journal of Operational Research*, Vol. 182, No. 3, 2007.

Dawood N., Mallasi Z., "Construction Workspace Planning: Assignment and Analysis Utilizing 4D Visualization Technologies", *Computer-Aided Civil and Infrastructure Engineering*, Vol. 21, No. 7, 2006.

De P., Dunne E. J., Gosh J. B., Wells C. E., "The Discrete Time-Cost Trade-Off Problem Revisited", *European Journal of Operational Research*, Vol. 81, No. 2, 1995.

De P., Dunne E. J., Ghosh J. B., Wells C. E., "Complexity of the Discrete Time-Cost Tradeoff Problem for Project Networks", *Operations research*, Vol. 45, No. 2, 1997.

Deblaere F., Demeulemeester E., Herroelen W., "Reactive Scheduling in the Multi-mode RCPSP", *Computers & Operations Research*, Vol. 38, No. 1, 2011.

De Frene E., Schatteman D., Herroelen W., Van de Vonder S., "A Heuristic Methodology for Solving Spatial a Resource-Constrained Project Scheduling Problems", *University of Leuven*, Vol. 1, 2008.

De Reyck B., Demeulemeester E., Herroelen W., "Local Search Methods for the Discrete Time/Resource Trade-Off Problem in Project Networks", *Naval Research Logistic Quarterly*, Vol. 45, No. 6, 1998.

Deb K., Pratap A., Agarwal S., Meyarivan T., "A Fast and Elitist Multiobjective Genetic Algorithm: NSGA-Ⅱ", *IEEE Transactions on Evolutionary Computation*, Vol. 6, No. 2, 2002.

Debels D., M. Vanhoucke, "The Impact of Various Activity Assumptions on the Lead Time and Resource Utilization of Resource-Constrained Projects", *Computers and Industrial Engineering*, Vol. 54, 2008.

Demeulemeester E. , Herroelen W. , *A Branch-and-Bound Procedure for the Multiple Resource-Constrained Project Scheduling Problem*, INFORMS, 1992.

Demeulemeester E. L. , Herroelen W. S. , "An Efficient Optimal Solution Procedure for the Preemptive Resource-Constrained Project Scheduling Problem", *European Journal of Operational Research*, Vol. 90, No. 2, 1996.

Demeulemeester E. L. , Herroelen W. S. , *Project Scheduling: A Research Handbook*, Boston: Kluwer Academic Publishers, 2002.

Demeulemeester E. , De Reyck B. , Herroelen W. , "The Discrete Time/Resource Trade-Off Problem in Project Networks: A Branch-and-Bound Approach", *IIE Transactions*, Vol. 32, No. 11, 2000.

Deng L. Y. , Lin Y. , Chen M. , "Hybrid ant Colony Optimization for the Resource-Constrained Project Scheduling Problem", *Journal of Systems Engineering and Electronics*, Vol. 21, No. 1, 2010.

Dorndorf U. , Pesch E. , Phan-Huy T. , "A Time-Oriented Branch-and-Bound Algorithm for Resource-Constrained Project Scheduling with Generalised Precedence Constraints", *Management Science*, Vol. 46, No. 10, 2000.

Dridi O. , Krichen S. , Guitouni A. , "A Multiobjective Hybrid ant Colony Optimization Approach Applied to the Assignment and Scheduling Problem", *International Transactions in Operational Research*, Vol. 21, No. 6, 2014.

Eberhart R. , Kennedy J. , "A New Optimizer Using Particle Swarm Theory", in *Micro Machine and Human Science*, *Proceedings of the Sixth International Symposium on IEEE*, 1995.

Elmaghraby S. E. , *Activity Networks: Project Planning and Control by Network Models*, New York: Wiley, 1977.

Faghihi V. , Reinschmidt K. F. , Kang J. H. , "Construction Scheduling

Using Genetic Algorithm Based on Building Information Model", *Expert Systems with Applications*, Vol. 41, No. 16, 2014.

Fallah-Mehdipour E., Bozorg-Haddad O., Tabari M. M. R., Marino, M., "A. Extraction of Decision Alternatives in Construction Management Projects: Application and Adaptation of NSGA-II and MOPSO", *Expert Systems with Applications*, Vol. 39, No. 3, 2012.

Franck B., Neumann K., Schwindt C., "Project Scheduling with Calendars", *OR Specktrum*, Vol. 23, 2001.

Ahmadian Fard Fini A., Rashidi T. H., Akbarnezhad A., Travis Waller S., "Incorporating Multiskilling and Learning in the Optimization of Crew Composition", *Journal of Construction Engineering and Management*, Vol. 142, No. 5, 2015.

Gagnon M., D'Avignon G., Aouni B., "Resource-Constrained Project Scheduling Through the Goal Programming Model: Integration of the Manager's Preferences", *International Transactions in Operational Research*, Vol. 19, No. 4, 2012.

Ghoddousi P., Eshtehardian E., Jooybanpour S., Javanmardi A., "Multi-Mode Resource-Constrained Discrete Time-Cost-Resource Optimization in Project Scheduling Using Non-Dominated Sorting Genetic Algorithm", *Automation in Construction*, No. 30, 2013.

Goldberg D. E., Holland J. H., " Genetic Algorithms and Machine Learning", *Machine learning*, Vol. 3, No. 2, 1988.

Gomes H. C., das Neves F. D., Souza M. J. F., "Multi-Objective Metaheuristic Algorithms for the Resource-Constrained Project Scheduling Problem with Precedence Relations", *Computers & Operations Research*, No. 44, 2014.

Goncalves J. F., Resende M. G. C., Mendes J. J. M., "A Biased Random-Key Genetic Algorithm with Forward-Backward Improvement for the Resource Constrained Project Scheduling Problem", *Journal of Heuris-*

tics, Vol. 17, No. 5, 2011.

Habibi F., Barzinpour F., Sadjadi S. J., "Resource-Constrained Project Scheduling Problem: Review of Past and Recent Developments", *Journal of Project Management*, Vol. 3, No. 2, 2018.

Hartmann S., "A Competitive Genetic Algorithm for Resource-Constrained Project Scheduling", *Naval Research Logistics*, Vol. 45, No. 7, 1998.

Hartmann S., Briskorn D., "A Survey of Variants and Extensions of the Resource-Constrained Project Scheduling Problem", *European Journal of Operational Research*, Vol. 207, No. 1, 2010.

Hartmann S., Kolisch R., "Experimental Evaluation of State-of-the-Art Heuristics for the Resource-Constrained Project Scheduling Problem", *European Journal of Operational Research*, Vol. 127, No. 2, 2000.

Hassanpour J., Ghodoosi M., Hosseini Z. S., "Optimizing a Bi-Objective Preemptive Multi-Mode Resource-Constrained Project Scheduling Problem: NSGA-Ⅱ and MOICA Algorithms", *Journal of Optimization in Industrial Engineering*, No. 21, 2017.

Hazır Ö., Gündüz Ulusoy, "A Classification and Review of Approaches and Methods for Modeling Uncertainty in Projects", *International Journal of Production Economics*, Vol. 223, 2020.

Herroelen W., Leus R., "Project Scheduling under Uncertainty: Survey and Research Potentials", *European Journal of Operational Research*, Vol. 165, No. 2, 2005.

Holland J. H., *Adaptation in Natural and Artificial Systems*, MIT Press, 1992.

Huang C., Wong C. K., "Optimisation of Site Layout Planning for Multiple Construction Stages with Safety Considerations and Requirements", *Automation in Construction*, No. 53, 2015.

Hyoun Seok M., Nashwan D., Leen Seok K., "Development of Workspace Conflict Visualization System Using 4D Object of Work Schedule", *Advanced Engineering Informatics*, Vol. 28, No. 1, 2014.

Ioannou P. G., Yang I. T., "Repetitive Scheduling Method: Requirements, Modeling, and Implementation", *Journal of Construction Engineering and Management*, Vol. 142, No. 5, 2016.

Isaac S., Su Y., Lucko G., "Work-Path Modeling and Spatial Scheduling with Singularity Functions", *Journal of Computing in Civil Engineering*, Vol. 31, No. 4, 2017.

Ivanov D., Sokolov B., "Dynamic Supply Chain Scheduling", *Journal of Scheduling*, Vol. 15, No. 2, 2010.

Jeunet J., Orm M. B., "Optimizing Temporary Work and Overtime in the Time Cost Quality Trade-Off Problem", *European Journal of Operational Research*, Vol. 284, 2020.

Jozefowska J., Mika M., Rozycki R., Waligora G., Weglarz J., "Simulated Annealing for Multi-Mode Resource-Constrained Project Scheduling", *Annals of Operations Research*, No. 102, 2001.

Kassem M., Dawood N., Chavada R., "Construction Workspace Management within an Industry Foundation Class-Compliant 4D Tool", *Automation in Construction*, No. 52, 2015.

Kelley J. E., "Critical Path Planning and Scheduling: Mathematical Basis", *Operations Research*, Vol. 9, No. 3, 1961.

Kelley J. E., *The Critical Path Method: Resources Planning and Scheduling in Industrial Scheduling*, Prentice-Hall, 1963.

Kim K. W., Gen M., Yamazaki G., "Hybrid Genetic Algorithm with Fuzzy Logic for Resource-Constrained Project Scheduling", *Applied Soft Computing*, Vol. 2, No. 3, 2003.

Kim K., Cho Y. K., "Construction-Specific Spatial Information Reasoning in Building Information Models", *Advanced Engineering Informatics*, Vol. 29, No. 4, 2015.

Kirkpatrick S. , Gelatt C. D. , Vecchi M. P. , "Optimization by Simulated Annealing", *Science*, Vol. 220, No. 4598, 1983.

Klein R. , Scholl A. , "Computing Lower Bounds by Destructive Improvement: An Application to Resource-Constrained Project Scheduling", *European Journal of Operational Research*, Vol. 112, No. 2, 1999.

Klein R. , "Bidirectional Planning: Improving Priority Rule-Based Heuristics for Scheduling Resource-Constrained Projects", *European Journal of Operational Research*, Vol. 127, No. 3, 2000.

Kolisch R. , Drexl A. , "Adaptive Search for Solving Hard Project Scheduling Problems", *Naval Research Logistics*, Vol. 43, No. 1, 1996.

Kolisch R. , Hartmann S. , "Heuristic Algorithms for the Resource-Constrained Project Scheduling Problem: Classification and Computational Analysis," *Project Scheduling*, 1999.

Kolisch R. , Hartmann S. , "Experimental Investigation of Heuristics for Resource-Constrained Project Scheduling: An Update", *European Journal of Operational Research*, Vol. 174, No. 1, 2006.

Kolisch R. , "Efficient Priority Rules for the Resource-Constrained Project Scheduling Problem", *Journal of Operations Management*, Vol. 14, No. 3, 1996.

Kolisch R. , "Serial and Parallel Resource-Constrained Project Scheduling Methods Revisited: Theory and Computation", *European Journal of Operational Research*, Vol. 90, No. 2, 1996.

Kolisch R. , Sprecher A. , Drexl A. , "Characterization and Generation of a General Class of Resource-Constrained Project Scheduling Problems", *Management Science*, Vol. 41, No. 10, 1995.

Kolisch R. , "Integrated Scheduling, Assembly Area-and Part-Assignment for Large-Scale, Make-to-Order Assemblies", *International Journal of Production Economics*, Vol. 64, No. 1 -3, 2000.

Kolisch R., Hartmann S., "Experimental Investigation of Heuristics for Resource Constrained Project Scheduling: An Update", *European Journal of Operational Research*, Vol. 174, 2006.

Koulinas G., Kotsikas L., Anagnostopoulos K., "A Particle Swarm Optimization Based Hyper-Heuristic Algorithm for the Classic Resource Constrained Project Scheduling Problem", *Information Sciences*, Vol. 277, No. 2, 2014.

Krüger D., Scholl A., "A Heuristic Solution Framework for the Resource Constrained (multi –) Project Scheduling Problem with Sequence-Dependent Transfer Times", *European Journal of Operational Research*, Vol. 197, No. 2, 2009.

Krüger D., Scholl A., "Managing and Modelling General Resource Transfers in (multi –) Project Scheduling", *Operations Research Spectrum*, Vol. 32, No. 2, 2010.

Kumar S. S., Cheng J. C. P., "A BIM-Based Automated Site Layout Planning Framework for Congested Construction Sites", *Automation in Construction*, No. 59, 2015.

Kurtulus I., Davis E. W., "Multi-Project Scheduling: Categorization of Heuristic Rules Performance", *Management Science*, Vol. 28, No. 2, 1982.

Li H., Womer K., "Scheduling Projects with Multi-Skilled Personnel by a Hybrid MILP/CP Benders Decomposition Algorithm", *Journal of Scheduling*, Vol. 12, No. 3, 2009.

Li Q., Tao S., Chong H. Y., Dong Z. S., "Robust Optimization for Integrated Construction Scheduling and Multiscale Resource Allocation", *Complexity*, 2018.

Liu Z., Xiao L., Tian J., "An Activity-List-Based Nested Partitions Algorithm for Resource-Constrained Project Scheduling", *Intelligent Control & Automation. IEEE*, 2015.

Lorenzoni L. L. , H. Ahonen A. G. , de Alvarenga, "A Multi-Mode Resource Constrained Scheduling Problem in the Context of Port Operations", *Computers and Industrial Engineering*, Vol. 50, 2006.

Lucko G. , Said H. M. M. , Bouferguene A. , "Construction Spatial Modeling and Scheduling with Three-Dimensional Singularity Functions", *Automation in Construction*, Vol. 43, No. 7, 2014.

Lycett M. , Rassau A. , Danson J. , "Programme Management: A Critical Review", *International Journal of Project Management*, Vol. 22, No. 4, 2004.

Masdari M. , Salehi F. , Jalali M. , "A Survey of PSO-Based Scheduling Algorithms in Cloud Computing", *Journal of Network and Systems Management*, Vol. 25, No. 1, 2017.

Mendes J. J. M. , Gonçalves J. F. , Resende M. G. C. , "A Random Key Based Genetic Algorithm for the Resource Constrained Project Scheduling Problem", *Computers & Operations Research*, Vol. 36, No. 1, 2009.

Merkle D. , Middendorf M. , Schmeck H. , "Ant Colony Optimization for Resource-Constrained Project Scheduling", *IEEE Transactions on Evolutionary Computation*, Vol. 6, No. 4, 2002.

Mika M. , Waligóra G. , Węglarz J. , "Simulated Annealing and Tabu Search for Multi-Mode Resource-Constrained Project Scheduling with Positive Discounted Cash Flows and Different Payment Models", *European Journal of Operational Research*, Vol. 164, No. 3, 2005.

Mika M. , Waligóra G. , Węglarz J. , "Tabu Search for Multi-Mode Resource-Constrained Project Scheduling with Schedule-Dependent Setup Times", *European Journal of Operational Research*, Vol. 187, No. 3, 2008.

Mirzaei A. , Farnad N. , Majid P. , et al. , "4D-BIM Dynamic Time-Space Conflict Detection and Quantification System for Building Construction Projects", *Journal of Construction Engineering and Management*, *Vol.* 144, No. 7, 2018.

Mirzaei A., Nasirzadeh F., Jalal M. P., Zamani Y., "4D-BIM Dynamic Time-Space Conflict Detection and Quantification System for Building Construction Projects", *Journal of Construction Engineering and Management*, Vol. 144, No. 7, 2018.

Moon H. S., Kim H. S., Kim C. H., "Development of a Schedule-Workspace Interference Management System Simultaneously Considering the Overlap Level of Parallel Schedules and Workspaces", *Automation in Construction*, No. 39, 2014.

Néron E., "Lower Bounds for the Multi-Skill Project Scheduling Problem", *Proceeding of the Eighth International Workshop on Project Management and Scheduling*, 2002.

Neumann K., Schwindt C., "Project Scheduling with Inventory Constraints", *Mathematical Methods of Operations Research*, Vol. 56, 2002.

Neumann K., Schwindt C., Zimmermann J., "Recent Results on Resourceconstrained Project Scheduling with Time Windows: Models, Solution Methods, and Applications", *Central European Journal of Operations Research*, Vol. 10, 2002.

Nonobe K., Ibaraki T., *Formulation and Tabu Search Algorithm for the Resource Constrained Project Scheduling Problem*, Essays and Surveys in Metaheuristics, Springer US, 2002.

Nudtasomboon N., Randhawa S. U., "Resource-Constrained Project Scheduling with Renewable and Non-Renewable Resources and Time-Resource Tradeoffs", *Computers and Industrial Engineering*, Vol. 32, No. 1, 1997.

Nguyen A. T., Nguyen L. D., Le-Hoai L., Dang C. N., "Quantifying the Complexity of Transportation Projects Using the Fuzzy Analytic Hierarchy Process" . *International Journal of Project Management*, Vol. 33, No. 6, 2015.

Olech L. P., "Hybrid Ant Colony Optimization in Solving Multi-Skill Resource-Constrained Project Scheduling Problem", *Soft Computing-A Fusion of Foundations, Methodologies and Applications*, Vol. 19, No. 12, 2015.

Ouelhadj D., Petrovic S., "A Survey of Dynamic Scheduling in Manufacturing Systems", *Journal of scheduling*, Vol. 12, No. 4, 2009.

Olaguibel A. V., Goerlich J. M. T., "The Project Scheduling Polyhedron: Dimension, Facets and Lifting Theorems", *European Journal of Operational Research*, Vol. 67, No. 2, 1993.

Ozdamar L., Alanya E., "Uncertainty Modelling in Software Development Projects (with case study)", *Annals of Operations Research*, Vol. 102, No. 14, 2001.

Palacio J. D., Larrea O. L., "A Lexicographic Approach to the Robust Resource-Constrained Project Scheduling Problem", *International Transactions in Operational Research*, Vol. 24, No. 1 – 2, 2016.

Pan N. H., Hsaio P. W., Chen K. Y., "A Study of Project Scheduling Optimization Using Tabu Search Algorithm", *Engineering Applications of Artificial Intelligence*, Vol. 21, No. 7, 2008.

Poppenborg J., Knust S., "A Flow-Based Tabu Search Algorithm for the RCPSP with Transfer Times", *Or Spectrum*, Vol. 38, No. 2, 2016.

Rad M. S., Jamili A., Tavakkoli-Moghaddam R., "Resource Constraint Project Scheduling to Meet Net Present Value and Quality Objectives of the Program", *International Conference on Industrial Engineering. IEEE*, 2016.

Raghuwanshi M. M., Kakde O. G., "Survey on Multiobjective Evolutionary and Real Coded Genetic Algorithms", *Proceedings of the 8th Asia Pacific Symposium on Intelligent and Evolutionary Systems*, 2004.

Ranjbar M., "Solving the Resource-Constrained Project Scheduling Problem Using Filter-and-Fan Approach", *Applied Mathematics and Computation*, Vol. 201, No. 1-2, 2008.

Reeves C. R., "Improving the Efficiency of Tabu Search for Machine Sequencing Problems", *Journal of the Operational Research Society*, Vol. 44, No. 4, 1993.

Rocha A. M. A. C., Fernandes E., "Modified Movement Force Vector in an Electromagnetism-Like Mechanism for Global Optimization", *Optimization Methods & Software*, Vol. 24, No. 2, 2009.

Roghanian E., "A Bi-objective Pre-Emption Multi-Mode Resource Constrained Project Scheduling Problem with Due Dates in the Activities", *Journal of Optimization in Industrial Engineering*, Vol. 7, No. 15, 2014.

Roofigari-Esfahan N., Razavi S., "Uncertainty-Aware Linear Schedule Optimization: A Space-Time Constraint-Satisfaction Approach", *Journal of Construction Engineering & Management*, Vol. 143, No. 5, 2016.

Roofigari-Esfahan N., Paez A. N., Razavi S., "Location-Aware Scheduling and Control of Linear Projects: Introducing Space-time Float Prisms", *Journal of Construction Engineering and Management*, Vol. 141, No. 1, 2015.

Said H., El-Rayes K., "Automated Multi-Objective Construction Logistics Optimization System", *Automation in Construction*, No. 43, 2014.

Semenov V., Anichkin A., Morozov S., Tarlapan O., Zolotov V., "Effective Project Scheduling under Workspace Congestion and Workflow Disturbance Factors", *Australasian Journal of Construction Economics and Building-Conference Series*, Vol. 2, No. 1, 2014.

Shukla S. K., Son Y. J., Tiwari M. K., "Fuzzy-Based Adaptive Sample-Sort Simulated Annealing for Resource-Constrained Project Scheduling", *International Journal of Advanced Manufacturing Technology*, Vol. 36, No. 9 – 10, 2008.

Slowinski R., "Multiobjective Network Scheduling with Efficient Use of Renewable and Non-Renewable Resources", *European Journal of Operational Research*, Vol. 7, No. 3, 1981.

Smith S. F., "Reactive Scheduling Systems", *Intelligent Scheduling Systems*, Vol. 3, 1995.

Sönke H., Dirk B., "A Survey of Variants and Extensions of the Resource-Constrained Project Scheduling Problem", *European Journal of Operational Research*, Vol. 207, 2010.

Sprecher A., "Scheduling Resource-Constrained Projects Competitively at Modest Memory Requirements", *Management Science*, No. 46, 2000.

Sprecher A., Hartmann S., Drexl A., "An Exact Algorithm for Project Scheduling with Multiple Modes", *OR Spektrum*, Vol. 19, No. 3, 1997.

Stinson J. P., Davis E. W., Khumawala B. M., "Multiple Resource-Constrained Scheduling Using Branch and Bound", *AIIE Transactions*, Vol. 10, No. 3, 1978.

Talbot F. B., "Resource-Constrained Project Scheduling with Time-Resource Trade-Offs: The Nonpreemptive Case", *Management Science*, Vol. 28, No. 10, 1982.

Tao S., Dong Z., "Scheduling Resource-Constrained Project Problem with Alternative Activity Chains", *Computers & Industrial Engineering*, No. 114, 2017.

Tao S., Wu C., Sheng Z., Wang X., "Stochastic Project Scheduling with Hierarchical Alternatives", *Applied Mathematical Modelling*, No. 58, 2018.

Tao S., Dong Z. S., Sheng Z. H., "Multi-Mode Resource-Constrained

Project Scheduling Problem with Alternative Project Structures", *Computers & Industrial Engineering*, No. 125, 2018.

Tchomté S. K., Gourgand M., "Particle Swarm Optimization: A Study of Particle Displacement for Solving Continuous and Combinatorial Optimization Problems", *International Journal of Production Economics*, Vol. 121, No. 1, 2009.

Thabet W. Y., Beliveau Y. J., "Modeling Work Space to Schedule Repetitive Floors in Multistory Buildings", *Journal of Construction Engineering & Management*, Vol. 120, No. 1, 1994.

Türkyılmaz A., Bulkan S., "A Hybrid Algorithm for Total Tardiness Minimisation in Flexible Job Shop: Genetic Algorithm with Parallel VNS Execution", *International Journal of Production Research*, Vol. 53, No. 6, 2015.

Uymaz S. A., Tezel G., Yel E., "Artificial Algae Algorithm (AAA) for Nonlinear Global Optimization", *Applied Soft Computing*, No. 31, 2015.

Valls V., Ballestyn F., Quintanilla S., "Justification and RCPSP: A Technique That Pays", *European Journal of Operational Research*, Vol. 165, No. 2, 2005.

Van Peteghem V., Vanhoucke M., "An Experimental Investigation of Metaheuristics for the Multi-mode Resource-Constrained Project Scheduling Problem on New Dataset Instances", *European Journal of Operational Research*, Vol. 235, No. 1, 2014.

Vicente V., Ballestín F., Quintanilla S., "A Hybrid Genetic Algorithm for the Resource-Constrained Project Scheduling Problem", *European Journal of Operational Research*, Vol. 185, No. 2, 2008.

Wang L., Fang C., "An Effective Shuffled Frog-Leaping Algorithm for Multi-Mode Resource-Constrained Project Scheduling Problem", *Information Sciences*, Vol. 181, No. 20, 2011.

Wang L., Fang C., "An Effective Estimation of Distribution Algorithm for the Multi-Mode Resource-Constrained Project Scheduling Problem", *Computers & Operations Research*, Vol. 39, No. 2, 2012.

Weglarz J., "On Certain Models of Resource Allocation Problems", *Kybernetics*, Vol. 9, 1981.

Weglarz J., Jzefowska J., Mika M., Waligra G., "Project Scheduling with Finite or Infinite Number of Activity Processing Modes-Survey", *European Journal of Operational Research*, Vol. 208, No. 3, 2011.

Wiesemann W., Kuhn D., Rustem B., "Multi-Resource Allocation in Stochastic Project Scheduling", *Annals of Operations Research*, Vol. 193, No. 1, 2012.

Winch G. M., North S., "Critical Space Analysis", *Journal of Construction Engineering & Management*, Vol. 132, No. 5, 2006.

Wu M., Sun S., "A Project Scheduling and Staff Assignment Model Considering Learning Effect", *The International Journal of Advanced Manufacturing Technology*, Vol. 28, No. 11 - 12, 2005.

Xiao J., Wu Z., Hong X. X., Tang J. C., Tang, Y., "Integration of Electromagnetism with Multi-Objective Evolutionary Algorithms for RCPSP", *European Journal of Operational Research*, Vol. 251, No. 1, 2016.

Xiong J., Leus R., Yang Z., Abbass H. A., "Evolutionary Multi-Objective Resource Allocation and Scheduling in the Chinese Navigation Satellite System Project", *European Journal of Operational Research*, Vol. 251, No. 2, 2016.

Yang K. K., "Effects of Erroneous Estimation of Activity Durations on Scheduling and Dispatching a Single Project", *Decision Sciences*, Vol. 27, No. 2, 1996.

Yeoh K. W., Chua D. K., "Mitigating Workspace Congestion: A Genetic Algorithm Approach", *EPPM* 2012 *Conference*, No. 108, 2012.

Yu X., Chen W. N., Gu T., "Set-Based Discrete Particle Swarm Optimization Based on Decomposition for Permutation-Based Multiobjective Combinatorial Optimization Problems", *IEEE Transactions on Cybernetics*, No. 99, 2017.

Zahraie B., Tavakolan M., "Stochastic Time-Cost-Resource Utilization Optimization Using Nondominated Sorting Genetic Algorithm and Discrete Fuzzy Sets", *Journal of Computing in Civil Engineering*, Vol. 135, No. 11, 2009.

Zamani R., "A Competitive Magnet-Based Genetic Algorithm for Solving the Resource-Constrained Project Scheduling Problem", *European Journal of Operational Research*, Vol. 229, No. 2, 2013.

Zhang C., Hammad A., Zayed T. M., "Representation and Analysis of Spatial Resources in Construction Simulation", *Automation in Construction*, Vol. 16, No. 4, 2007.

Zhang S., Teizer J., Pradhananga N., Eastman C. M., "Workforce Location Tracking to Model, Visualize and Analyze Workspace Requirements in Building Information Models for Construction Safety Planning", *Automation in Construction*, No. 60, 2015.

Zhang X., Wu C., Li J., et al., "Binary Artificial Algae Algorithm for Multidimensional Knapsack Problems", *Applied Soft Computing*, No. 43, 2016.

Zhang H., "Ant Colony Optimization for Multimode Resource-Constrained Project Scheduling", *Journal of Management in Engineering*, Vol. 28, No. 2, 2012.

Zhang Q. F., Li H., "MOEA/D: A Multiobjective Evolutionary Algorithm Based on Decomposition", *IEEE Transactions on Evolutionary Computation*, Vol. 11, No. 6, 2007.

Zhu G., Bard J. F., Yu G., "Disruption Management for Resource-Constrained Project Scheduling," *Journal of the Operational Research*

Society, Vol. 56, 2005.

Zhu G., J. F. Bard, G. Yu., "A Branch-and-Cut Procedure for the Multimode Resource-Constrained Project-Scheduling Problem", *INFORMS Journal on Computing*, Vol. 18, 2006.

Zitzler E., Laumanns M., Thiele L., "SPEA2: Improving the Strength Pareto Evolutionary Algorithm", *TIK-Report*, Vol. 103, 2001.

索　引

S

W

X

Y

Z

后　记

工程是为了实现某特定目的，依据一定的科学技术和自然规律，通过有序地整合资源，以造物为核心的活动。工程项目交付成果的核心标志是构筑一个新的、具有一定物理结构的存在物。大到举世瞩目的三峡大坝工程、港珠澳大桥建设工程；小到我们居住的房屋建设、公路建设，所有工程活动都具有明确的预交付成果、任务目标，要求相关人员有组织地按照既定的规范需求与有限的可用资源，有序地安排相关作业活动，严格监督与保障工程质量、安全，切实保证最终目标——新的人造物的顺利完成。

工程建设是一项系统工程。施工是实现工程从无到有的关键步骤，是对工程进度、成本及质量控制产生主导作用的环节，也是所有工作中最为具体细致和复杂的过程。工程项目调度是指在工程施工过程中，根据工程的进度总目标与资源优化配置原则，对工程项目各施工阶段的工作内容、工作程序、持续时间和衔接关系编制计划并付诸实施。工程项目调度是施工生产指挥的手段，是施工全过程各环节、各专业、各工种的协调中心。

工程项目施工所需的资源众多，工程施工的过程也是对有限的资源进行整合和利用的过程，而空间资源是工程活动实施的必要且特殊的一类资源。由于许多工程现场固定且空间有限，活动安排不当容易引发作业空间干涉问题，带来作业效率降低、质量低下、返工、安全事故等诸多不良影响，进而影响工程的工期、成本、质量和员工的生命安全等主要指标。基于此，本书针对如何协调工程活动的“时间”和“空间”资源，系统性地研究了考虑空间资源约束的工程项目调度优化问题。本书研究成果不仅丰富了相关理论研究，同时对现实工程管理具有一定的实践指导意义。

本书的大部分内容源于笔者的博士学位论文。我于 2013 年 9 月至 2019 年 3 月在南京大学攻读管理科学与工程专业博士学位。回头来看，读博无疑是一场认识自我、找寻自我的修行，是一次次从“不知道自己不知道”到“知道自己不知道”再到“知道自己知道”的反复迭代。这是我人生中的一段难忘历程，我也深深体会了这一过程中的曲折和艰难，有沮丧、失落，也有喜悦、满足。这个过程让我懂得克服对未知的恐惧，学会有耐心，学会坚持。相信这是自己读博期间，乃至未来漫漫学术生涯的宝贵财富。至此，在该书即将付梓之际，请允许我表达自己深深的谢意！

首先，感谢我的恩师盛昭瀚教授，很幸运自己能拜入盛门之下。在我博士入学的第一年，盛老师曾叮嘱过我们“要刻苦”。这简短的话，这么多年来盛老师却一直身体力行，为我们树立榜样。点点滴滴浮现眼前，记得刚入学那会儿，第一次看到盛老师书桌上厚厚的手写文稿，心中暗自惊讶和钦佩；记得每一次学术讨论时，盛老师总是侧耳倾听每一位老师和学生的建议，并且一边听一边执笔将好的建议记录下来；记得那一次盛老师出差赶火车的场景，背着双肩包的盛老师果断拒绝了我们送他去火车站的提议，独身一人步履匆匆却又步伐稳健地前往地铁站；还有那个绵绵细雨的冬日傍晚，盛老师和我们在实验室讨论完学术问题，冒着小雨和寒风，骑着小电动车逐渐远去的身影。看着盛老师的背影，我不禁油然而生起敬畏与感动……我想，这些画面会一直镌刻在我的心底。不仅如此，每每和盛老师讨论学术问题时，盛老师敏锐严谨的思辨分析总能给我指点迷津，让我茅塞顿开。感谢盛老师这些年给予我的悉心指导与帮助，也感谢盛老师给我参与重大课题研究的机会，使我的科研能力得到了很大的锻炼和提升。盛老师谦和的学者风范、高屋建瓴的战略思维、精益求精的治学态度，还有对学术研究的极大热情，使我受益终身，我将铭记老师的言传身教。在这里，我还想特别地感谢师母，师母风趣幽默，待人热情又亲切，感谢您对我们生活上的关怀和帮助。

衷心感谢所有指导和帮助过我的老师，你们不仅在学术上教会我许多知识，更教会了我许多道理，让我成长。

感谢我的爱人一直以来对我的理解、陪伴和守护。感谢上天，在我读博期间送给了我们一个可爱的宝宝。感谢我的孩子，让我体会到为人母的快乐，也让我理解父母养育的艰辛不易。感谢生我养我的父母，一直以来对我的支持与关爱。感谢父亲对我从小到大的叮嘱——“君子固本”。感谢自己一直保持思考力，不断深化对这四个字的理解。于生命，“本”乃健康；于学习，“本”乃基础；于交往，“本”乃真诚；于婚姻，“本”乃包容；于教育，“本”乃人格；于事业，“本”乃责任感和使命感；于理想，“本”乃选择、努力与坚持；于幸福，“本”乃以上之“本”。

最后，感谢在我读博期间以及工作之后所有给予我关心和帮助的老师、同学和朋友，于亿万人中遇见你们，乃吾之幸。愿你我在未来的人生道路上快乐常在，初心常在！

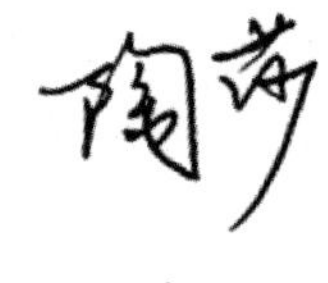

2023 年 3 月